CHONGWU MEIRONG HULI ZAOXING

宠物美容、护理、造型全图解

QUAN TUJIE

范 丹 主编

中国农业出版社

图书在版编目（CIP）数据

宠物美容、护理、造型全图解 / 范丹主编. -- 北京
: 中国农业出版社，2013.9（2021.11重印）
ISBN 978-7-109-18305-6

Ⅰ. ①宠… Ⅱ. ①范… Ⅲ. ①宠物－美容－图解②宠
物－饲养管理－图解 Ⅳ. ①S865.3-64

中国版本图书馆CIP数据核字（2013）第209686号

策划编辑 黄　曦
责任编辑 黄　曦
出　　版 中国农业出版社（北京市朝阳区麦子店街18号　100125）
发　　行 新华书店北京发行所
印　　刷 北京中科印刷有限公司
开　　本 880mm×1230mm　1/32
印　　张 5
字　　数 160千
版　　次 2014年 1 月第1版　2021年11月北京第6次印刷
定　　价 32.00元

目录

第一章 爱宠美容课堂，零基础瞬变美宠高手

第二章 在家巧清洁，宝贝每天都香香

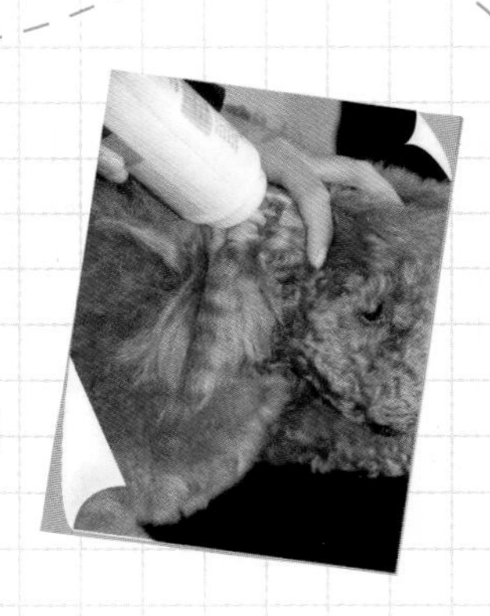

第三章 毛发修护有方，靓宠必备的基础护理

第四章 基础造型入门，新手级主人看过来

第五章 创意造型秀，百变美宠闪亮登场

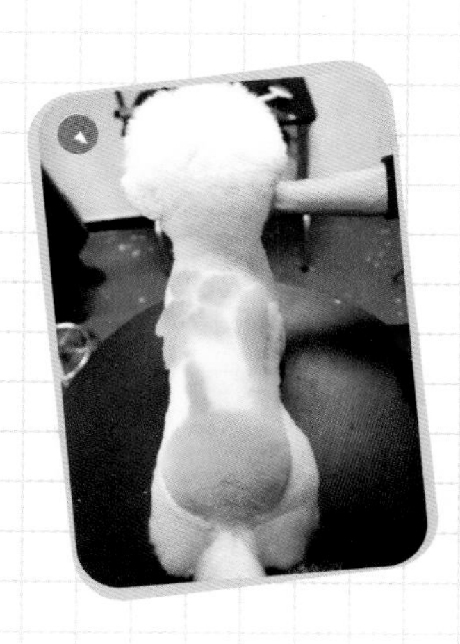

第六章 巧手做宠饰，为爱宠锦上添花

第七章 宠物养护美容常见问题问与答

LESSON ONE

第一章

爱宠美容课堂，

零基础瞬变美宠高手

变美=变健康，宠物科学美容护理势在必行

如今宠物美容已不是新鲜话题，但是在给自家宠物美容时，还是免不了存在很多美容误区和盲点。美容，是我们对爱宠表达疼爱的一种方式，而身为主人的你是否真正做到了让爱宠健康“变身”呢？

宝贝的美容投资=健康保障

现在的宠物美容概念，已经不再是仅仅让宠物有个光鲜亮丽的外表，更多的是为它的身体健康着想。想要养出赏心悦目的美狗或靓猫，你不仅要“卖力”，更要“用心”。

健康是美容基础。

一只健康活泼的宠物必须毛发密厚且充满光泽、身体没有任何疾患，这样才能接受那些美容造型的繁复步骤，适应“变美进阶”的过程。很难想象一只有严重疾病的狗狗或者猫咪会乖乖听话接受美容护理。在给爱宠进行大改造之前，请务必确认它是否患有疾病，如果不顾宠物的健康强行使用美容物品，可能会造成过敏或致使宠物病情恶化。

美容提升健康度。

适当地进行美容护理能帮助爱宠清洁身体，从而使之远离疾病。经过美容护理的犬、猫，不仅毛发柔软光亮，臭臭的体味也会消失不见，其精神状态还会变得更好。在护理美容的过程中，爱宠的某些皮肤或耳朵问题也可以早期发现并及时治疗。可以说，宠物美容在很大程度上提升了宠物的健康指数与生活品质。

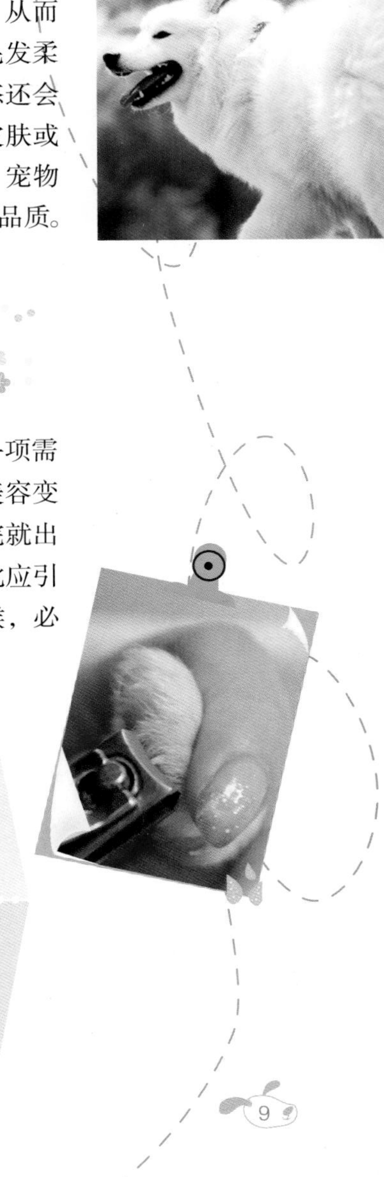

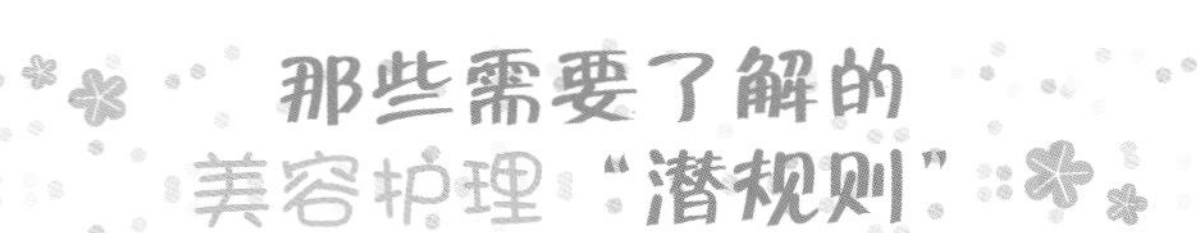

那些需要了解的美容护理“潜规则”

给宠物美容，尤其是给狗狗美容，可谓是一项需要体力兼技术的“累活儿”，稍有不慎，不仅美容变“毁容”，更易招致意外死亡。很多宠物美容院就出过这种意外死亡事件，所以“宠爸宠妈”们对此应引起高度重视。那么，在给宠物做美容护理的时候，必须遵循的基本“潜规则”有哪些呢？

1 每隔两周应给宠物剪一次趾甲。若长时间不剪趾甲，趾甲内的血线就会越来越长。反之，每剪一次趾甲血线就会向内缩一点，也就不会出现剪趾甲误剪出血的现象了。

2 大部分宠物都需要拔耳毛，特别是那些耳朵下垂的狗狗，如西施犬、贵妇犬和雪纳瑞。一般在一个月左右拔一次耳毛，这样可以有效预防耳螨的产生，并防止耳中产生异味。

清理肛门腺可以预防肛门炎。大约一个月就应挤一次肛门腺，如果经常看见家中的狗狗在地上蹭屁股，那就要小心了，它在用行动告诉你，应该清理它的肛门腺了。

洗澡频率。长毛狗至少每周洗一次，短毛狗10天左右洗一次。而对于有体味的狗狗或是不小心弄脏了的狗狗，随时清洗都是可以的。但是对于生病或刚注射完疫苗的狗狗，应按医生嘱咐来决定洗澡时间。

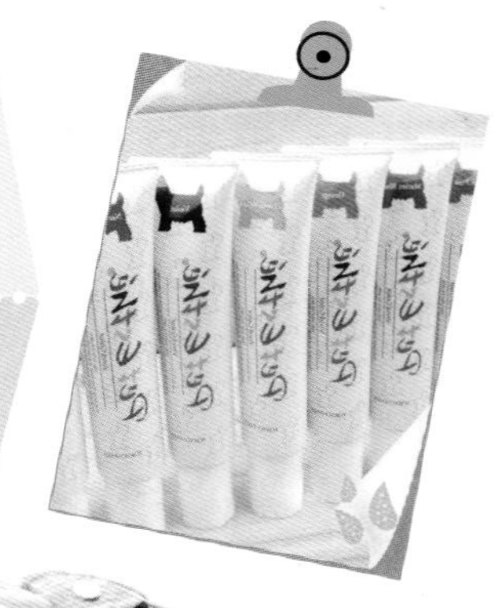

洗澡前一定要先梳理被毛，这样即可以梳散缠结在一起的毛发，也能顺便把大块污垢清除掉。尤其是口周围、耳后、腋下、大腿内侧和趾尖等这些狗狗最不愿让人梳理的部位，更要梳理干净。

在给宠物染色时，最好选择专业的宠物毛发染剂，因为宠物都有舔毛的习惯，有些毒性较大的染剂是绝对不能用于宠物美容的。

温暖小叮咛

冬季宠物也怕冷，所以应尽量减少修剪或染发的次数，以洗澡、清洁眼耳等基础美容护理工作为主。

正确姿势搭配心理安慰，让爱宠安心享受修剪过程

就像小朋友在理发时又哭又闹一样，狗狗在美容的过程中也会表现得极度焦躁，有的还会猛烈挣扎企图逃跑，这也是让很多美容师和主人都头痛不已的问题。狗狗的这种不安情绪，不仅会影响到美容效果，甚至还会导致其在美容过程中受伤。

正确的修剪姿势有助防止狗狗乱动

有些主人在为狗狗美容时极度缺乏耐心，只要狗狗一不安分就非打即骂，千万不要以为体罚是个好方法，这样只会让狗狗从内心感到美容是件很恐怖的事情。其实只要主人采取一些正确的姿势，就能让狗狗安心配合哦！

1

1. 在剪脸部毛发的时候，采用一手抓的方法，和狗狗面对面，用一只手托着它的下巴部位就能固定住头部了。

2. 剪下巴部位的毛发时，用手抓住狗狗的鼻子部位加以固定即可。

2

3．修剪嘴边的毛发时，可以站在狗狗前方，用一只手托住狗狗的下巴，然后开始修剪。

4．在修剪背部毛发的时候，主人要站在狗狗背后，一只手伸向前方抓住狗狗的嘴巴，防止它乱动就可以了。

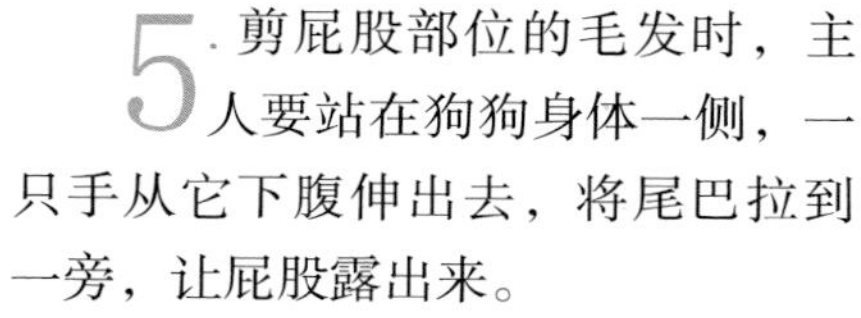

5．剪屁股部位的毛发时，主人要站在狗狗身体一侧，一只手从它下腹伸出去，将尾巴拉到一旁，让屁股露出来。

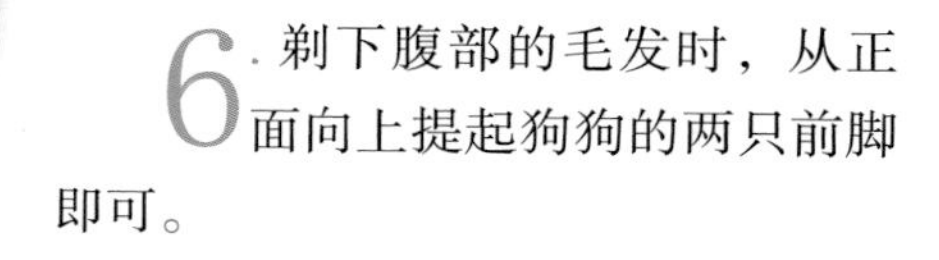

6．剃下腹部的毛发时，从正面向上提起狗狗的两只前脚即可。

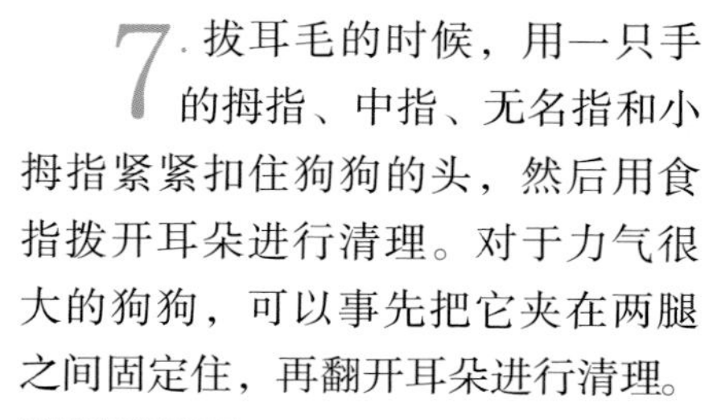

7．拔耳毛的时候，用一只手的拇指、中指、无名指和小拇指紧紧扣住狗狗的头，然后用食指拨开耳朵进行清理。对于力气很大的狗狗，可以事先把它夹在两腿之间固定住，再翻开耳朵进行清理。

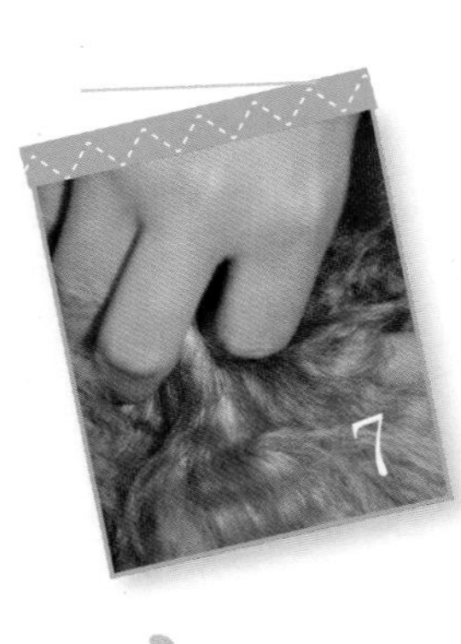

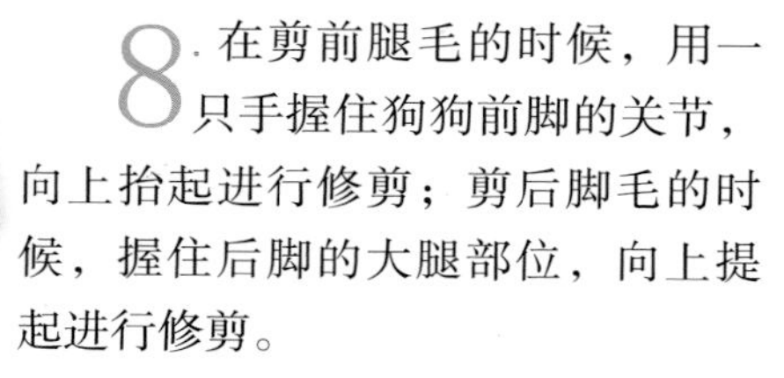

8．在剪前腿毛的时候，用一只手握住狗狗前脚的关节，向上抬起进行修剪；剪后脚毛的时候，握住后脚的大腿部位，向上提起进行修剪。

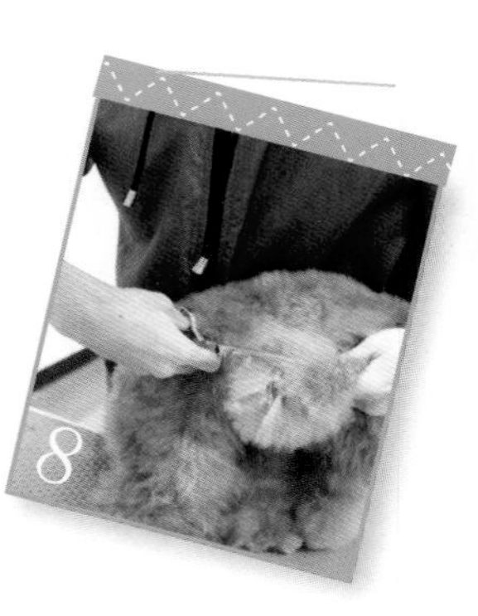

9. 在剪前脚趾甲的时候，可以从后面将狗狗抱起使其站立，然后手从两只前脚中穿过进行修剪；剪后脚趾甲的时候，从狗狗侧面将它的下半身抱起，使其前脚站立，然后手从两只后脚间穿过进行。

五大心理安慰法 让狗狗自觉配合

为什么每次给狗狗美容的时候它都会显得那么不老实呢？其实很大程度上是因为它对美容师或者美容工具的恐惧，既然是心理因素作怪，那就采取一些安慰的方法，让狗狗心平气和地接受美容吧！

1 如果狗狗是你刚领回家的，狗狗与主人还未建立起信任之情。或者狗狗是第一次去美容院做美容，那就一定不能操之过急。首先要让狗狗熟悉这个陌生的环境，比如让它闻新主人或是美容师的手掌、由新主人或美容师抱着它进行抚摸等都是很不错的方法，这样可以很快建立起狗狗的安全感。

2 虽然很多时候我们跟狗狗的对话都是鸡同鸭讲，它完全听不懂你在说什么。但是，狗狗是聪明而敏感的动物，它可以从你的表情、音量和语速中感受到你目前的情绪。所以面对不肯配合美容的狗狗时，一定不能火上浇油地大声斥责，而应该用温柔的语言和表情去感染它，帮助它消除内心的恐惧。

很多主人虽然安抚工作做得很好，但是一味地将时间浪费在安抚工作上也不是长久之计。所以最好是一边安抚一边进行修剪，狗狗可没什么耐心，不可能长期保持一个姿势，所以，边安抚边修剪就大大缩短了美容时间，也让狗狗没那么容易急躁了。

狗狗有时候会表现得很执拗，如果它对洗澡和美容的抵触情绪已经到了无法控制的地步，那么无论你怎么安抚也起不到多大作用。这时候就需要找个帮手和你一起控制狗狗的行动，以保证美容工作的正常进行。

狗狗就像长不大的孩子，谁也不能阻止它对小零食的热爱。抓住这一点，我们可以用零食奖励的方法来让它配合美容。但是也不能在美容过程中一直不间断地喂食，以免让狗狗吃太多。另外，为了防止狗狗因为奖励而变得骄纵，建议在美容结束后再对它进行奖励，这样还能使狗狗对下一次美容产生期待感，渐渐地也就不怎么抗拒了。

温暖小叮咛

即使姿势正确也不能完全保证不会发生意外，在给宠物修剪眼睛、耳朵等脆弱部位的毛时，一定要特别留心，防止因狗狗乱动而对它们造成伤害。

理毛必备品，“剪刀手爱德华”为爱宠变身

有些主人想在家里自己给宠物进行美容护理，那么你首先要对那些五花八门的美容工具有个大致的了解。从很大程度上来说，一款好的美容造型，其使用的美容工具也发挥了很大作用。

爱宠必备——常用的梳毛工具

狗狗除了可爱的模样十分讨喜外，其松软的毛发也是备受人们青睐的原因之一，所以，要想爱犬持续保持干净且富有光泽的毛发，那么梳理就是一项必不可少的工作。使用合适的梳子，不仅能去除毛发死结和污垢，还能帮狗狗促进身体的血液循环呢！

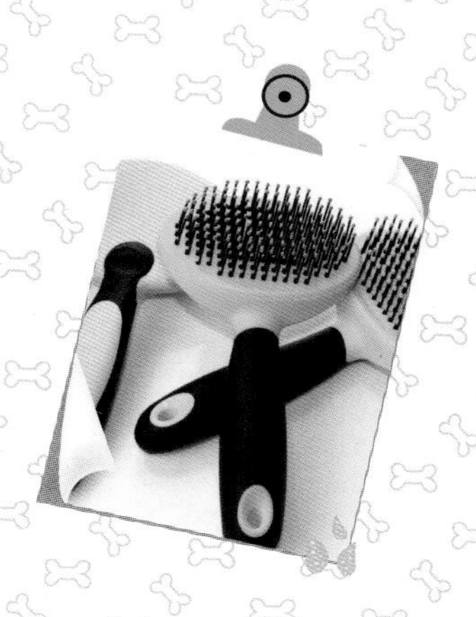

针梳：一般适用于打结较严重的毛发以及脏东西太多的毛发。

木柄梳：主要是为了防止长毛狗的毛发打结而设计的。

扁梳：这种梳子的售价比前两种都贵，也比较难买到。它的梳齿分为宽窄两种，在梳理过程中会让狗狗感到十分舒适。

爱宠必备——常用的剪毛工具

给狗狗修剪毛发是宠物美容最基础也最关键的步骤。一把品质优良的剪刀，不但可以为想给宠物做美容的主人省去不少麻烦，而且对做出的造型有加分效果哦！

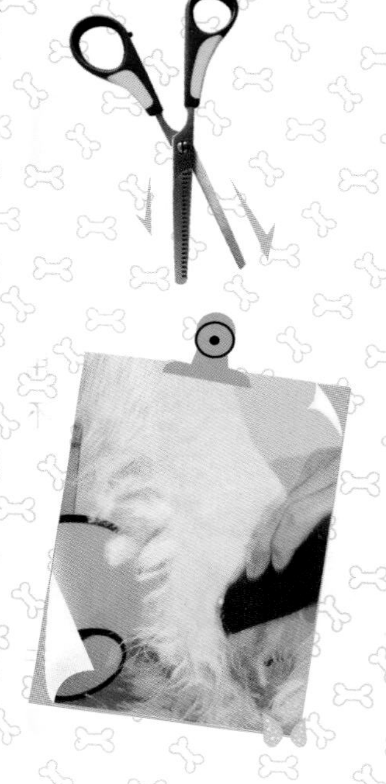

平剪： 大部分狗狗都适合使用平剪，它是所有剪刀类型中最常用的一种。

层次剪： 这种剪刀一般是在对马尔济斯犬和约克夏犬等单层毛的狗狗剪毛时使用得较多，它能辅助平剪将不整齐的部位修剪至自然状态。

弯剪： 它一般用来修剪狗狗身体弧度部位的毛发，比如脚掌等。使用起来是所有剪刀中最顺手的。

电剪： 电剪分为专业电剪和家用电剪两种。前者体积较大、速度快，还能随时更换不同尺寸的刀刃。比较适合专业美容院的人使用；后者在使用时不用插电且体积较小，但是速度较慢，且容易出现卡毛的情况，也不能随意更换刀刃。

温暖小叮咛

专业的宠物理毛工具在市面上确实售价较高，但是如果你想随时随地就能帮宝贝打造出满意的造型，那就要舍得投资哦！而且，那些较贵的理毛工具一般都设计得比较科学，使用后对狗狗的健康也有益处。

沐浴必备品，分门别类才能达到彻底清洁

要美丽先要干净！这句话不论是对人还是宠物都是不变的原则。随着宠物美容行业的走俏，市面上也涌现出大量五花八门的宠物洗剂。去美容院自然是不用操心这些的，但是在家给狗狗做清洁，就需要区分不同产品的不同功效了。

有宠必备—常用的清洁洗剂

狗狗的清洁程度决定了人们对它的亲近度。狗狗干净度和它的可爱程度也是呈正比的。此外，狗狗的

身体干净了，还可以避免寄生虫和病菌的侵扰，从而帮主人免去了很多后顾之忧。

干洗粉：干洗粉顾名思义是一种粉末状的清洗剂。使用时不用加水，直接把干洗粉撒入宠物的毛发里，再梳理均匀即可。它可以快速地去除宠物身上的异味和过量油脂，一般多用于幼犬和手术后不宜沐浴的狗狗。

香波：香波因其浓郁的香味而受人喜爱。使用香波给宠物沐浴，可以有效去除异味，甚至能让宠物长时间都带着香波的香味。但要注意的是，洗时要把香波残液清洗干净，以免宠物舔食中毒。

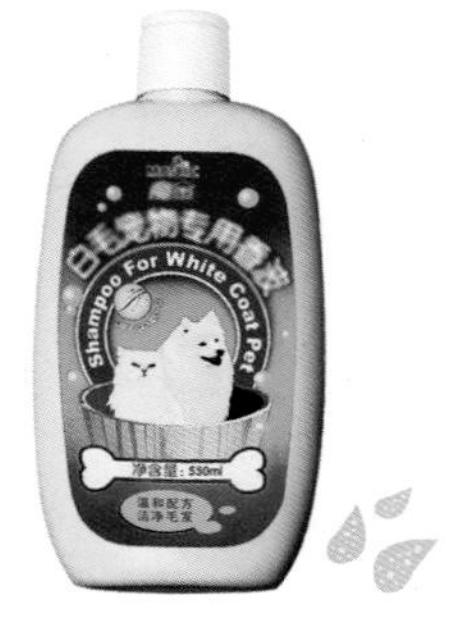

普通洗毛液：普通的洗毛液按功效可以分为很多种，如保持毛发卷翘、恢复毛发亮泽、加强毛发柔韧性的等，选购时可以根据自家宠物的需要进行选择。

问题宠物必备——特殊洗毛液

如果你的狗狗很健康，那选择上述的任何一种洗剂都可以达到很好的清洁效果。但是如果你的狗狗有皮肤病的症状，那就必须使用特殊配方的洗毛液了，分门别类、有针对性地清洗才能让宠物的病情得到缓解。

深层脓皮症专用洗剂：它对于辅助治疗毛囊虫症效果不错，有很强的杀菌止痒功效，坚持使用可以治愈深层脓皮症。

浅层脓皮症专用洗剂：除了适用于敏感皮肤的日常保养外，它还有助于恢复宠物毛发的光泽度。

除蚤专用洗剂：用来治疗狗狗常见的跳蚤过敏症和瘙痒问题，除蚤效果很好。

霉、细菌专用洗剂：一般用它来控制狗狗身上由霉菌和细菌引起的感染，帮助快速恢复健康皮肤。

脂溢性皮肤专用洗剂：一般在狗狗皮肤出现角质化异常并有油脂渗出时使用。其抗菌和软化角质的功效很强。

温暖小叮咛

主人们千万不要以为人用的洗发水和沐浴露对于宠物也同样适用，其实人类和猫狗的皮肤酸碱度不一样，皮肤构造也完全不同，如果长期给宠物使用人类的洗护产品，就很容易给它们的皮肤造成易过敏、瘙痒、干燥等问题。如果真心爱它，就不要舍不得给宝贝买专业的洗护用品哦！

那些专为拔毛、刷牙和剪趾甲服务的秘密武器

定期上美容院也是件很头疼的事情，其实有些小事如剪趾甲、剪耳毛、刷牙等，都可以在家里进行。只要配齐要用的工具，就能轻松给狗狗做护理。现在就先来看看需要配备哪些小工具吧！

拔、剪、刷一个不能少，这些工具你都有吗？

其实很多主人一直想自己给狗狗做护理工作，但是苦于对工具不了解而迟迟不敢下手。所以首先要来个护理工具大扫盲，迈出初级“家庭美容师”的第一步。

清耳液：这是狗狗洗完澡后必须使用的宝贝之一，它可以防止狗狗耳朵进水后滋生耳螨。使用方法也很简单，洗澡后在清理耳朵的同时滴入清耳液即可。

耳粉：耳粉又叫拔毛粉或拔耳毛粉，它是在给狗狗拔耳毛时的必需品，一般直接拔耳毛

时常常会出现镊子打滑的情况，但是用了耳粉后耳毛就变得根根分明，也容易捏住了，而且清凉的耳粉还有止疼的作用，能缓解狗狗被拔毛时的疼痛感。使用时，直接将耳粉撒到狗狗耳朵里即可。

拔毛夹：现在常用的拔毛夹其实就是医用止血钳，形状似剪刀，尖端内侧呈锯齿状，能将很细微的毛发夹得很牢固。

宠物牙膏：宠物专用的牙膏一般是可食用的，并且含有丰富的酶，能附着在牙齿上分解食物残渣。

宠物牙刷：宠物专用的牙刷没有刷柄，取而代之的是套管状的底部，主人可以将手指套进去掌握力度，以便更好地帮助狗狗刷牙。

平口剪：采用不锈钢刀头，两柄中间装有弹簧，有点像老虎钳。修剪时要避免一次性大范围地剪掉全部趾甲，应在修剪一部分后，隔7～10天再修剪另一部分。

握剪：它是现在最常用的宠物剪趾甲神器，顶端部位有个小洞，可以将需要剪掉的脚趾部分从洞内伸出去，然后剪掉即可。

锉刀：这是狗狗剪完趾甲后必须使用的工具，可以将尖锐的趾甲断口打磨至圆润，以免抓伤主人。

止血粉：初次给宠物剪趾甲的主人的必备之品。可以在不小心剪断宠物趾甲血管后用它来帮助止血，但要注意，本品只适用于趾甲，对于其他部位的伤口则绝对不能使用。

温馨小叮咛

如果家中爱犬的情况特殊，或是实在不知道该如何选购针对爱犬的修剪小工具，建议去附近的宠物美容院咨询一下美容师，他们一定能给出更贴合你爱犬特征的建议，免得买回家发现不合适而浪费钱。

狗狗洗澡要什么？七大工具有备无患

狗狗就像是个两三岁的小孩子，总是喜欢在任何它想待的地方摸爬滚打，然后又跳上床。小型犬还好，如果狗狗太大，经常洗澡就成了主人们的头疼事。其实，只要备齐传说中的“七件套”，就可以轻松搞定狗狗的洗澡问题，不至于在洗澡过程中手忙脚乱一团糟。

七大洗澡工具，家有宠物就必须准备

别一看到七个工具就被吓跑了，数量看着是有点多，但是每个都有用到的环节，缺一不可。准备充足后你就会发现，给狗狗洗澡就跟玩儿似的，So easy（如此容易）！

浴盆：准备一个适合你家狗狗大小的浴盆是洗澡的基础，它不仅可以让你把狗狗控制在理想的范围内，还能防止狗狗直接站在地上而打滑。

宠物专用香波：香香的味道会迅速掩盖狗狗原本难闻的体味，而且丰富的泡沫也有助于其毛发被清洁得更彻底。

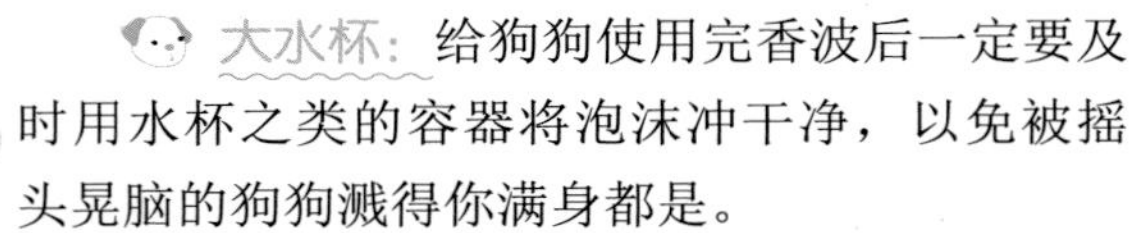

大水杯：给狗狗使用完香波后一定要及时用水杯之类的容器将泡沫冲干净，以免被摇头晃脑的狗狗溅得你满身都是。

毛巾：给狗狗专门准备一条作为浴巾的毛巾是很重要的，主人可以用它及时包裹住狗狗，帮狗狗吸走身上多余的水分，还可以防止狗狗受凉感冒。

棉签：在给狗狗洗澡的过程中，不可避免地会有水进入它的耳朵里。潮湿的耳道最容易滋生耳螨，所以为了防止感染耳螨，洗完澡后应立即用棉签将狗狗耳道里的水分擦拭干净。

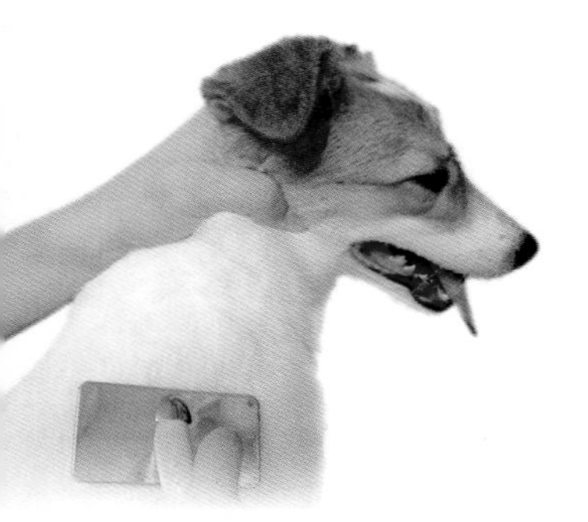

吹风机：别以为吹风机只专属于人类，给洗完澡的狗狗使用吹风机，不仅可以使它们的毛发干得更快，还能降低皮肤病和感冒的发生几率。

梳子：狗狗吹干后的毛发显得有些凌乱，赶快用专业的梳子梳一梳吧，以防止毛发打结。

温暖小叮咛

洗澡可不仅仅是为了让狗狗看起来美观哦，适度的洗澡对于防治皮肤病和寄生虫都有很好的作用。但是在洗澡过程中使用的工具，即从水盆到梳子最好都是专门为狗狗配备的，以免交叉使用造成污染，或使用了不当的工具对狗狗的健康产生危害。

有关猫咪美容，
那些你必须知道的事

猫咪虽然爱干净，但是它很抗拒让人类来帮助它做清洁，尤其是洗澡。也许是由于猫咪天生怕水且不会游泳的原因，所以它非常不愿意让水淋湿自己的身体。每次洗澡主人都必须在浴室里跟猫咪进行一番“搏斗”，大多时候会在主人光荣挂彩的情况下草草了事。面对如此不配合的喵星人，难道就因为它们的不愿意而放弃给它做美容清洁吗？看看下面的介绍吧，或许会对你有所帮助。

猫咪美容保健过程都包含哪些内容？

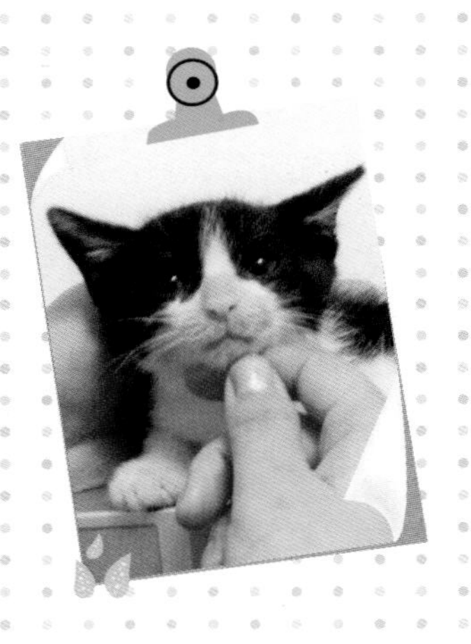

身体检查：不一定要洗澡，每次在给猫猫梳理毛发前，可以趁此机会仔细检查猫咪的耳朵、眼睛和爪子是否干净及有无病症。

猫耳保健：一般来说，如果你的猫很健康，对它的耳朵就无需多加注意。即使发现耳朵里面有污物，用一个棉花球蘸上橄榄油轻轻擦掉就可以了。但是如果猫猫平时不停地抓挠耳朵，并且耳内有大量棕黑色的脏污，就有可能是耳螨为患了，需尽快治疗。

猫眼保健：猫眼周围如果发现污染物就用棉花蘸温水擦拭，健康的猫眼应该是干净清透的，如果分泌物特别多的话就说明有炎症了。

清洁脸部：主要针对长毛猫，它们很容易发生泪腺堵塞的情况，眼泪不停地留在面颊上，时间久了就成了棕黑色的斑痕，所以，发现猫咪流泪就应该及时用棉签蘸淡盐水擦拭干净。

口腔保健：经常检查猫牙上有没有牙垢堆积。最好每星期给猫刷洗一次牙齿，以防形成牙垢。如果猫咪万分抗拒刷牙，就有必要每年去一次宠物医院，请医生帮忙剔除牙垢并进行牙齿打磨。

猫爪保健：那些健康活泼的猫猫，在平时上蹿下跳的活动过程中，猫爪子已经被打磨过了，但是如果是长期关在室内或者年老不常走动的猫猫，就应该勤加检查猫爪，看看是否需要修剪，一旦趾甲太长而

长进肉趾中就必须去医院了。

修剪趾甲：将需要修剪趾甲的猫抱在膝盖上，用手指压住猫爪，让猫咪向前伸出趾甲，轻轻用趾甲刀剪去前端白色透明的部分即可。

清洁猫爪：猫咪喜欢舔爪子，为了避免把爪子上的脏东西也吃进去，清洁猫爪也是平时要做的事情，每次用湿棉球轻轻擦洗即可。

让猫咪配合美容的三大绝招

1 猫猫如果对清洁工作很抗拒就先把猫的脖子固定好，以防它咬伤人。

2 大多数主人被猫抓伤是发生在洗澡时，所以对于抗拒洗澡的猫咪必须采取相应的预防措施，例如洗澡时用猫绳拴住猫咪的脖子。

3 提前把专门的洗澡工具放在手边，并在浴缸底部铺上防滑垫，这样就不会让猫咪在洗澡过程中东蹭西滑，主人也省事多了。

因为猫咪爱抓爱挠的特性，为了更好地保护自己，在每只猫咪刚到家的时候就应该抱去医院打疫苗，这样不仅有利于猫咪健康，也为以后放心地进行清洁美容打下基础。

猫咪五大美容误区，主人你会犯这些错吗

关于猫咪清洁美容的知识，有很多都是大家口口相传的经验，其中不免存在很多误解，下面总结了五个流传较为广泛的猫咪美容误区，看看你中了几招。

纠正五大猫咪美容传言

误区一 因为猫猫的体温比人的高，所以洗澡的水温要人手伸进去略觉得有点烫才行。

纠正：猫的体温的确是比人的高没错！但是这不代表猫猫洗澡的水温一定要达到烫手的程度，这两者之间是没有任何科学联系的。猫猫本来就怕水，再加上水烫，那猫猫一定会抓狂的，所以水温还是应该以使猫猫感觉舒适为准。

误区二 洗澡要先去油。

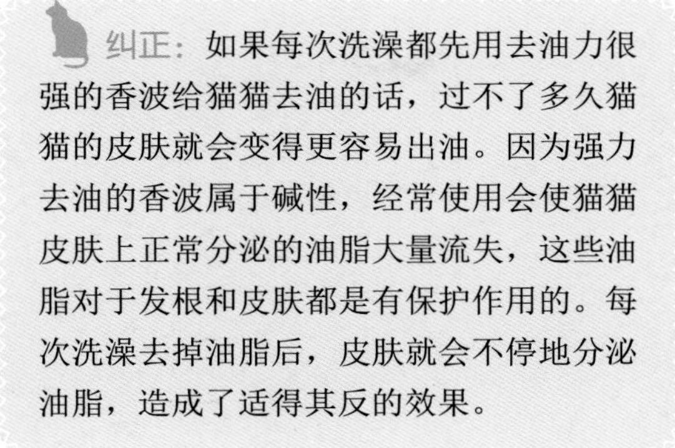

纠正：如果每次洗澡都先用去油力很强的香波给猫猫去油的话，过不了多久猫猫的皮肤就会变得更容易出油。因为强力去油的香波属于碱性，经常使用会使猫猫皮肤上正常分泌的油脂大量流失，这些油脂对于发根和皮肤都是有保护作用的。每次洗澡去掉油脂后，皮肤就会不停地分泌油脂，造成了适得其反的效果。

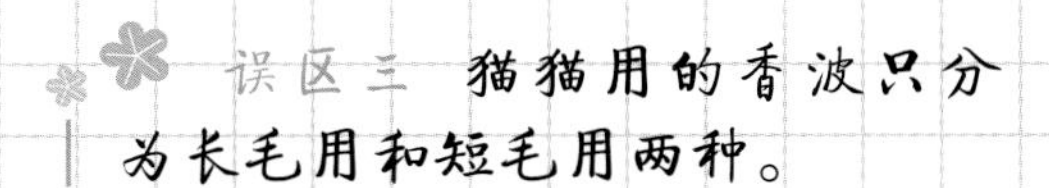

误区三 猫猫用的香波只分为长毛用和短毛用两种。

纠正：错啦！就算都属于长毛品种的猫猫，所用的香波也有区别，比如波斯猫和缅因猫就不能用同一种香波。而且，就算同样是两只波斯猫，但是一个有着绒质的易打结的毛发，另一个则有着丝质毛发，也不能用同样的香波。因为每款香波所针对的毛发不同，所产生的效果也不同。所以，在购买香波时一定要根据自家猫猫的毛发特征进行选择。

误区四 洗洁精去油效果好，所以可以用洗洁精洗澡。

纠正：洗洁精毕竟是用来洗锅碗瓢盆的，它不是专门为动物设计的，即便广告宣称它对人没有伤害作用，但是到目前为止还没有科学证据可以证明它对猫猫的皮肤没有伤害。为了安全起见，还是不要用洗洁精为好。

误区五 主人的洗发水可以给猫猫用，既省钱效果也好。

纠正：到目前为止还没有一种人用的洗发水是可以直接给猫猫使用的，人类和动物的皮肤酸碱值不一样，毛发质地和构造也是不同的，长久使用主人的洗发水给猫洗澡，肯定会对猫咪的毛发甚至身体健康造成伤害。市面上那些宠物专用的香波都是专门针对动物毛发设计的，已经预先考虑到了皮肤、毛质的问题，虽然贵一些，但是考虑到猫猫健康还是应该去买专用洗剂。

温馨小叮咛

每次在给猫猫美容的时候要先观察自己猫猫的身体情况，再根据猫猫的情况进行美容工作，才能达到最好的效果。

Lesson TWO

第二章 在家巧清洁，宝贝每天都香香

主人变身“清道夫”，让汪星人爱上洗澡

狗狗就像个没长大的小孩，每天摸爬滚打，不管地上多脏都会玩得不亦乐乎。而主人除了看着干着急之外，唯一能做的就是定时给宝贝做清洁了。别看平时宠物店的工作人员给狗狗洗澡看上去很繁琐，其实找对方法，在家也能轻轻松松地给宝贝洗澡呢！真是既卫生又省钱，主人何乐而不为呢！

洗澡用具揭秘

项圈、防滑垫、梳毛刷、浴液、大毛巾、吹风筒

汪星人的正确沐浴方法

1 如果把狗狗放在浴盆或浴缸中洗澡，那么水量应在5～10厘米深，浴缸里还可放置一块防滑垫，让狗狗自己在浴缸里站稳。

2 用适量的温水将狗狗全身浸湿，再把狗狗身上的毛轻轻梳理一遍，让狗狗觉得舒服并且安静下来，做好洗澡的准备。

3 用清水对狗狗的脸部进行清洗，记住不要太用力。

4 开始在狗狗身上抹浴液，然后用手从背部到臀部、腹部进行揉搓，直至搓揉出丰富的泡沫。

5 紧接着搓洗狗狗的四肢，注意四肢内侧部位得重点清洗哦！

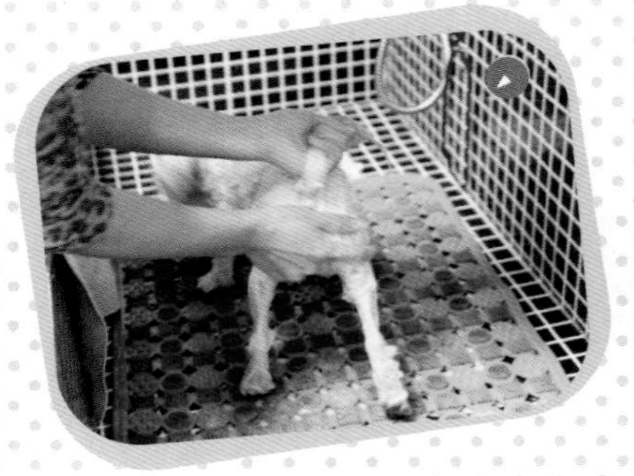

6 将狗狗的尾巴向上掀起，露出肛门轻轻搓洗。

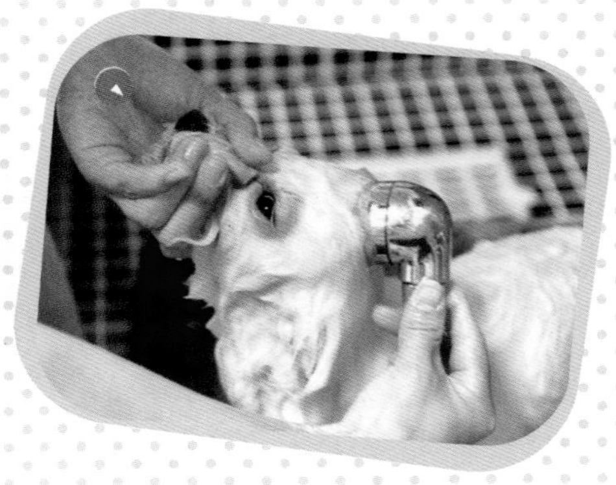

7 开始冲水。冲水的方向是一只手捏住狗狗嘴部，防止它乱动，另一只手用喷头从头部开始逐渐向后冲洗，不要劈头盖脸地一把抓，冲到哪里就是哪里。

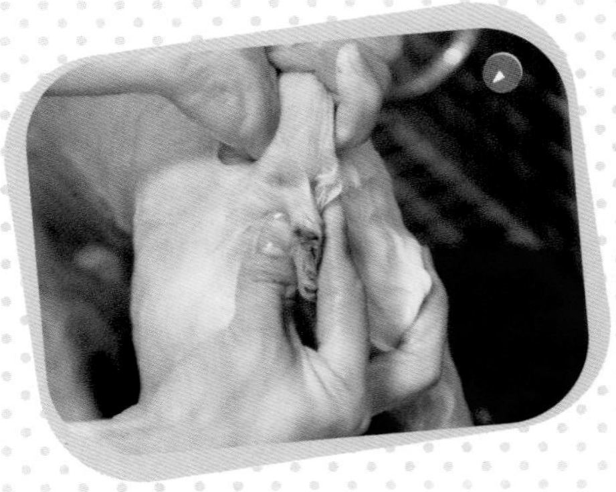

8 冲掉浴液后，再次向上掀起狗狗的尾巴，露出肛门，用大拇指和食指轻轻对准肛门腺（即肛门部位有囊包的地方）挤压，直至将里面的囊液和浊物全部挤出，再用清水冲洗干净。

9 用一块可以完全把狗狗包起来的大毛巾从头部开始把狗狗擦干，并尽量拭干狗狗耳朵里的水。

10 接下来就用毛巾将狗狗整个包裹着，然后去吹干毛发就可以啦！

温暖小叮咛

1.尽管宠物店销售的浴液外包装上都注明“不刺激眼睛”，但到目前为止，仍然没有出现一种百分百让狗狗喜欢并且百分百安全的浴液，所以唯一的办法只有主人多加小心了。

2.如果你的狗狗是第一次洗澡，或是属于洗澡时很不配合的类型，前面已经介绍，可以尝试使用项圈，便于你控制狗狗。你在轻轻擦洗狗狗的同时，用一只手握住狗狗的项圈，免得狗狗跳出来或者弄得到处都是水。

3.如果你的狗狗正患皮肤病，就要让狗狗在不着凉的情况下将其毛发自然风干，因为吹风机的热气会进一步刺激皮肤患处，从而产生更加瘙痒的症状。

吹毛发也有讲究，主人你做对了吗

很多主人不想在家里给狗狗洗澡，不仅是因为嫌洗澡的过程麻烦，更多的是被冗长的吹毛发时间吓怕了。于是，有些主人就放弃了在家为狗狗洗澡的打算，只依赖美容院了。其实凡事只要找对了方法，就能把繁琐的步骤变得简单易操作，给狗狗吹毛也不例外。

正确的吹毛方法看过来

1 将刚洗完澡的狗狗抱到干净的桌子或地板上，准备开始吹干毛发啦！

2 用一只手将狗狗的两个前肢向上提起，露出腹部正对着主人，打开吹风机，逆毛吹干上腹部的毛发。

3 继续向上抬起狗狗的前肢，用同样的方法将狗狗下腹部的毛发也吹干。

4 将腹部吹干后，让狗狗蹲下来，主人继续按逆毛的方向将其背部的毛吹干。

5 让狗狗换成站立姿势，向后抬起它的一条后腿，同样按逆毛方向吹干腿部毛发。

6 吹干的那条腿先别急着放下来，微微向上弯曲狗狗的脚掌，会发现脚掌间的毛还是湿的，所以脚掌也要记得吹干哦！

7 吹干了四肢，紧接着再来吹头部的毛发，先从脖子部位开始，同样是按逆毛的方向吹，记住在吹头部的时候，耳朵内的长毛也要翻出来吹干哦！但是吹耳朵的时候吹风筒的风量要开小一点，距离也应离狗狗耳朵稍远一些，以免影响狗狗的听力。

吹干之后就要开始梳毛啦！用一只手将狗狗的前肢向上抬起，然后用针梳在下腹部进行逆毛梳理，直到从根部将毛梳散。

至于上腹部的毛发，可以在梳理时让狗狗仰面躺下，一只手控制好狗狗的爪子，另一只手同样按照逆毛的方向对上腹部的毛发进行梳理。

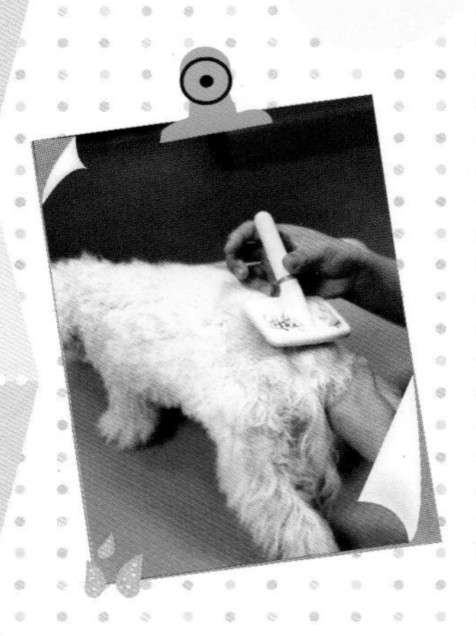

梳理好腹部的毛发后，让小狗背对主人站在桌面上。然后用一只手将其尾巴向背部掀起，再用针梳逆毛梳散。

紧接着开始梳理背部的毛发，同样是按逆毛方向用针梳进行梳理。

接下来梳理四肢的毛发，也是按逆毛方向梳，记住哦，脚掌附近的毛发一样不能忽略，否则很容易打结。

将狗狗的头固定在桌面上，再用针梳轻轻梳散其头部的毛发，逆向梳散后，再梳成漂亮的发型即可。需要注意的是，耳朵内的长毛也要梳理到位哦！

最后用一只手控制住狗狗头部，然后将脸部和下巴部位的毛发梳理整齐即可。

吹毛有技巧，五大要点须谨记

- 吹干毛发的时候必须准备针梳和扁梳两种梳子。
- 在吹干后想要进行美容的狗狗需要用针梳将毛发拉直，尽量从毛根部吹干。
- 使用吹风机的方向是：从上到下、由后向前、从根部到发梢，并且全程都是逆毛吹。
- 吹风机的温度一定要适宜，温度过高不利于毛发健康，温度过低可能导致狗狗感冒。
- 短毛狗要先用吹水机脱水，再用吹风机吹干，这样可使毛发保持蓬松柔顺。
- 需要进行留毛和做护理的长毛犬只能使用扁梳。

温暖小叮咛

给狗狗吹毛的时候一定不要像洗澡那样一味追求速度，我们没有专业美容师的技术和设备，所以慢慢来更能慢工出细活。用温柔的慢动作给狗狗吹干毛发的时候，狗狗也会觉得很舒服享受，需要注意的是，一定要保证室内的温度适宜，避免时间过长让狗狗感冒。

口腔清洁很重要，让狗狗口气清新每一天

狗狗跟人一样也需要刷牙，否则很容易产生口臭，尤其是对于经常乱吃东西的狗狗来说，刷牙显得尤为重要。养在室内的狗狗很少有机会通过撕、咬、扯的动作去清除牙齿表面的污垢，所以从狗狗很小的时候开始就要给它养成刷牙的好习惯，频率不用太高，一周一次就可以了。

刷牙工具齐助阵

剔牙工具、牙膏、指套刷。

这样才是正确的刷牙步骤

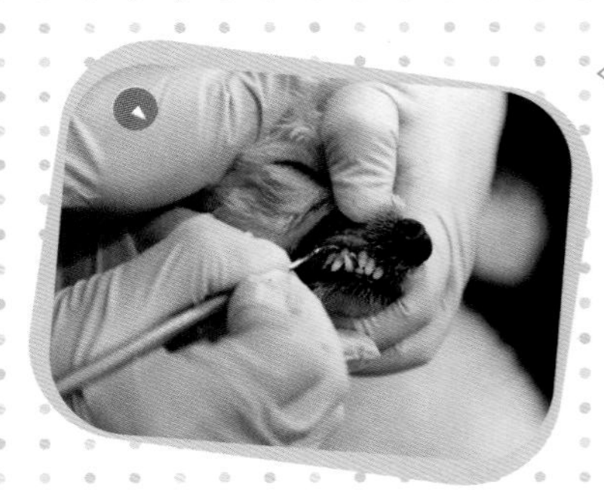

1 先安抚好狗狗的情绪。主人可以找人帮忙控制住狗狗的身体，然后用一只手掰开狗狗的嘴巴露出牙齿，再用另一只手拿好剔牙工具，轻轻剔除附着在狗狗牙齿上的污垢。

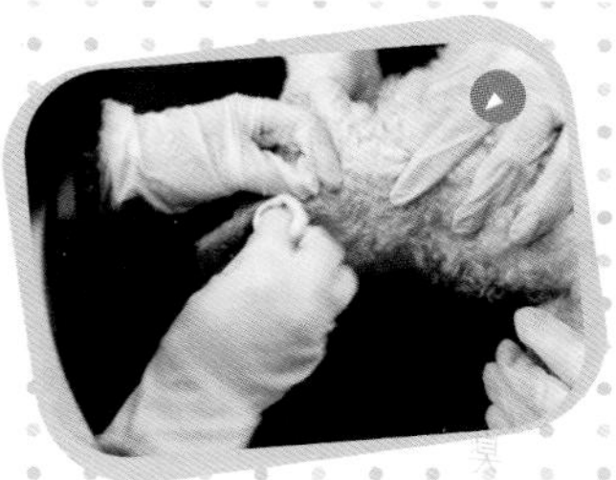

2 在剔除污垢的过程中，还需要不时地用干净的纱布将剔下来的污垢及时擦除，以免被狗狗舔食。

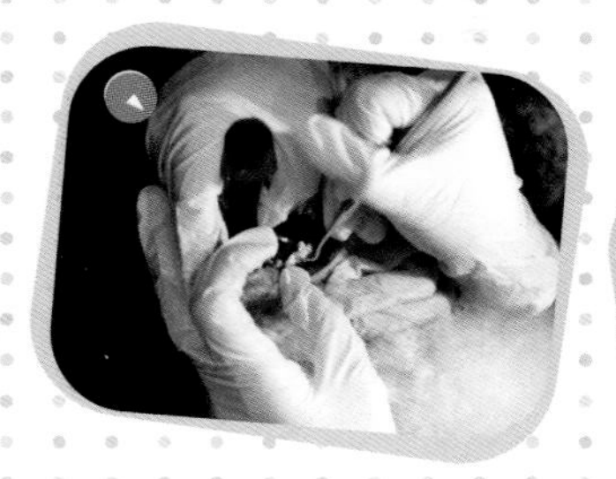

3 由于狗狗特殊的牙齿构造，在剔下牙的时候，要将狗狗的嘴巴尽量张大一些，直到能清楚地看到整排下牙，然后按从下往上挑的方式剔除牙齿上的污垢。

4 牙垢剔除后就要开始刷牙啦！先将指套刷套在手上，挤上适量的狗狗专用牙膏。

5 用同样的方法撑开狗狗的嘴，上下来回地在牙齿上刷动，之前没剔到的地方这次要刷洗干净。

6 刷完即可。宠物专用牙膏一般是可以直接食用的，所以不需要漱口。看，刷完牙的狗狗闪亮洁白的牙齿都可以去拍广告啦！

温暖小叮咛

狗狗在刚开始刷牙的时候一般都会有抗拒行为，主人可以在每次洗澡的时候顺便进行刷牙的工作，早日让狗狗习惯刷牙。另外，绝对不能给狗狗使用人用的牙膏，狗狗不懂得漱口，一旦吞咽就会对身体产生伤害。

赶跑壁虱大作战，放心亲近你的宝贝

其实狗狗跟人类一样，每时每刻都会遭受各种各样的健康威胁，比如壁虱这种寄生虫对于狗狗来说就是一项灾难。千万不要以为这些小家伙只是迫于生存在狗狗身上吸吸血而已，要知道在吸血的同时它们还会把大量的病菌传染给狗狗，所以除了正常的洗澡清洁之外，主人一定要经常检查狗狗的毛发，看看有没有壁虱藏匿其中。

认清壁虱邪恶的真面目

壁虱也称蜱虫，背部有坚硬的壳。虫体颜色呈黄褐色，吸足血后颜色会变深。它属于体外寄生虫，喜欢皮毛浓密的生物作为宿主，它的可怕之处在于它是仅次于蚊子的疾病传播者，在吸食动物血液的同时将携带的病毒传播给宿主。

虽然现在我们人类的防虫工作已做得很到位，但是对于宠物来说就没那么幸运了。壁虱不但会吸食狗狗的血液，还会通过分泌物让狗狗身上产生瘙痒症状，严重的还会造成伤口化脓发炎，所以当你发现狗狗经常不停地抓挠自己的时候就要引起注意了。

除虱工具一览

棉球、碘酒、除蚤专用洗剂、手术钳

从检查到清除，除虱工作开始啦

先在狗狗经常抓挠的部位翻看检查，耳朵、脸部、屁股和脚掌这四个部位也是不容忽略的。检查的时候先朝逆毛方向将检查部位的毛发拨开，再层层检查，如发现米粒大小的黑褐色虫子，就是壁虱无疑了。

发现壁虱后，先将壁虱周围的毛发轻轻拨开。

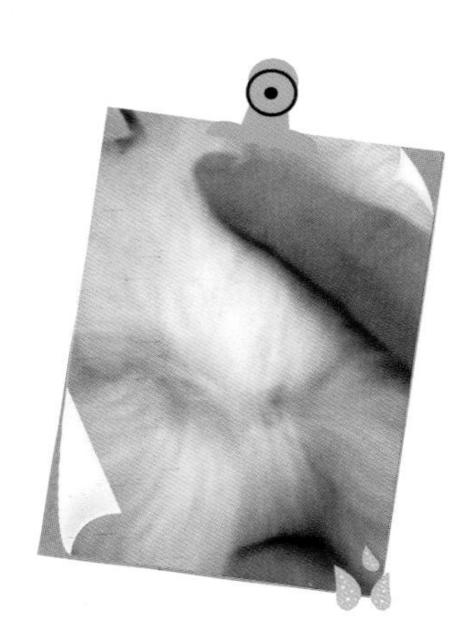

清理前要先消毒，用蘸了碘酒的棉球在有壁虱的部位轻轻擦拭几下。

将手术钳对准壁虱，确定捏紧了壁虱身体后慢慢往上拔起。拔除干净后一定要及时把壁虱处理掉。

在拔除壁虱的伤口部位用蘸了碘酒的棉球轻轻擦拭几下。

等狗狗身上的伤口瘉合后就用除蚤专用洗剂定期做清洗，以免被再次感染。

正确方法修剪趾甲，
宝贝从此不再抗拒

给狗狗剪趾甲是令主人第二头疼的事情，每次抱着它准备开剪的时候，就发现它望着趾甲剪就像是看到了刑具一样。如果你第一次给狗狗剪趾甲就把它弄疼了，那它就再也不会配合了，这就增加了剪趾甲的难度。但是也不能因为宝贝不喜欢就放任不剪啊，下面就先来看看剪趾甲对狗狗的重要性吧！

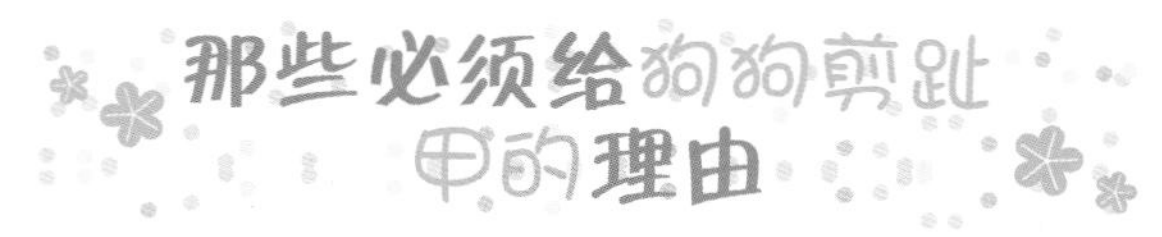

那些必须给狗狗剪趾甲的理由

家养的狗狗绝大部分时间都在家里宅着，很少进行户外活动，而室内光滑的瓷砖和地板对于狗狗磨爪子没有任何帮助，所以时间一长趾甲就越长越长，以至于在狗狗走路的时候都不能脚掌着地，这对于狗狗脚掌的健康很不利。

另外，如果狗狗趾甲过长，更容易抓坏家里的家具及器具，也增加了主人被狗狗抓伤的几率。所以从狗狗的健康和主人自己的安全考虑，一定要养成给狗狗定期修剪趾甲的习惯。

狗狗趾甲，这样剪就对了

每次剪趾甲前都要先花点时间安抚狗狗的情绪，降低狗狗对趾甲剪的抗拒心理。

采取环抱的姿势控制狗狗的身体，比如在剪狗狗右前脚的时候，主人要和狗狗面向同一方向，双手绕过狗狗背部，握住其前脚。

在每次剪趾甲前首先要注意观察一下狗狗趾甲的血线，也就是趾甲的角质下透出暗红色的部分。

估算出要修剪的部位，下剪刀的部位一定要在血线下面，千万不能剪到血线，否则会流血不止。

可以在灯光下先确定好趾甲的血管区，每次修剪至白色半透明环处就要停止。

狗狗的趾甲很硬，确定位置后要果断剪下，避免狗狗中途缩回爪子而剪不到理想状态。

剪完趾甲后用锉刀将趾甲断面打磨至圆润状态，以免抓伤主人。

一旦剪到血线而导致流血，就要用止血粉覆盖流血的伤口，使其迅速止血。

虽然趾甲过长对于狗狗有这么多坏处，但也不宜修剪得太频繁，一般修剪频率为3～5天一次，如果趾甲生长较慢的话可以适度延长，10天或半个月修剪一次即可。另外，每次剪完趾甲后立即给狗狗洗澡，可以一并将趾甲污垢也清理干净哦！

预防肛门腺疾病，清洁护理很重要

很多主人每天都由着狗狗吃喝，使得狗狗越来越肥胖，运动量也大大减少，连肛门腺都肿大了。去美容院洗澡的话，美容师肯定会帮忙做清理，但是如果在家里做清洁，而主人又缺乏必要的肛门腺知识，那狗狗就遭殃了，没有人帮忙定期清理肛门腺的狗狗会感觉非常难受，严重的还会导致便秘和厌食。

关于狗狗肛门腺，那些你不知道的事

什么是肛门腺：肛门腺即狗狗的“气味腺体”，分布在狗狗的肛门两侧，连接肠道末端皮肤的内翻形成较大的腔，里面积聚液体。

肛门腺的作用：用来帮助狗狗辨识彼此的身份，每只狗狗的肛门腺散发的气味不同，所以它们见面后最常见的举动就是互闻对方的屁股；另外，野生的狗狗还会通过将肛门腺液留在草地上的方式来占据地盘。

肛门腺肿胀的原因：现在家养的狗狗因为运动量太少，腿部肌肉力量不足，无法自己把多余的肛门腺液挤压出去，久而久之就造成肛门腺因堆积太多肛门腺液而阻塞肿胀了。

肛门腺堵塞后狗狗的表现：1. 在地板上不停摩擦臀部；2. 用嘴啃咬臀部；3. 追着自己的尾巴咬；4. 触摸狗狗臀部的时候它表现得很敏感；5. 尾巴垂地不再上翘，走路的时候夹着尾巴；6. 有的没有以上症状，但是肛门附近散发出浓烈的臭味也是肛门腺堵塞的表现。

清理狗狗肛门腺势在必行

1

可以在洗澡的时候顺便清理。用拇指和食指放在肛门两侧，轻轻触摸，感觉到坚硬的腺体后稍用力向外挤压，使液体排出。

2

平时用温水给狗狗清洗肛门，让肛门附近的皮肤变得柔软，让狗狗也处于放松状态，这样就能比较容易地将肛门腺液排空。

温暖小叮咛

如果没有办法经常带狗狗去户外做运动，那就多给它喂食些骨头吧，富含钙质沉淀物的粪便比较硬，在排便的时候能顺带将肛门腺液囊也一并排空。另外，在清理肛门腺的时候最好用纸巾遮挡在狗狗肛门附近，以免被喷出的肛门腺液溅到。

耳内护理不容轻视，
小忽略可能引发大问题

狗狗的耳道比人类的复杂多了，所以也更容易堆积污垢和滋生虫病，尤其是像贵宾犬这类的长毛大耳犬，由于耳道经常被覆盖着，导致空气流通不畅，耳内环境潮湿就容易引发感染。因此经常给狗狗的耳朵进行清洁护理是十分必要的，别小看这些小动作，它能在很大程度上帮助狗狗预防耳螨和各类传染疾病。

如何判断狗狗耳道亮了红灯？

1 如果你的狗狗有段时间体味变得很重，那就要引起注意了，如果肛门腺没有问题，就说明是耳朵生病了。狗狗一旦患上耳疾身体也会发出臭味，严重的还会有脓液流出。

2 狗狗经常摇头晃脑，不断用爪子抓挠耳部，即使是刚洗完澡也表现出很痒的样子，那就有可能是耳道出问题了。

3 翻开狗狗的耳朵检查，如果耳道里有一些黑色或褐色的泥垢状物体，那很可能是患上了耳螨，应该及时予以治疗。

耳道清洁有方，"对症下药"效果显著

1 如果是耳垢不怎么严重的狗狗，就用棉棒蘸取甘油后涂抹在外耳道上，然后用手按摩狗狗的耳根部位，让甘油分布均匀，过段时间后再用棉签擦拭干净就可以了。

2 如果耳垢过多且质地较硬的话，就先用酒精棉球给外耳道消毒，再用3%的碳酸氢钠滴耳液或2%的硼酸水滴在耳垢上，等耳垢彻底软化后再用小镊子去除。

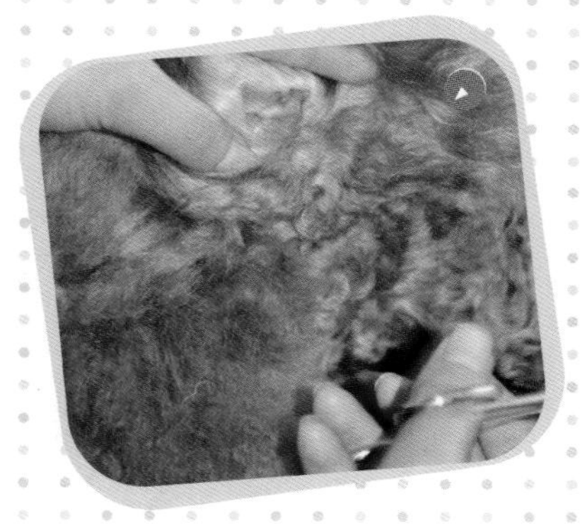

3 如果狗狗的耳道有炎症，可以用4%的硼酸甘油滴耳液或2.5%的氯霉素甘油滴耳液按一天三次、一次2～3滴的用法滴在狗狗耳道里。等液体流入耳道深处后再用手轻轻按摩，帮助药液充分吸收。

4 对于耳毛较长的狗狗，还要定期处理耳毛，以免耳垢阻塞而使耳道发炎。拔耳毛的时候先涂上耳粉，再用专用的拔耳毛工具，捏紧一小撮耳毛后迅速拔下来，拔完后还要轻轻揉搓耳根部位，缓解狗狗的情绪。

温暖小叮咛

如果狗狗的耳朵炎症发现得比较晚，或者是连续用上述方法治疗几天后丝毫不见效，那就要尽快去宠物医院就医，以免耽误病情，给狗狗的身体造成不可估量的伤害。

关注口腔健康，狗狗牙齿也须保健

牙齿对于狗狗的重要性就相当于人类的双手，无论是捡东西还是咀嚼食物都要依靠健康的牙齿。所以，不要在听到要给狗狗牙齿做保健的时候立马表现出惊讶的表情，进行牙齿保健不但可以避免狗狗口臭，还能让牙齿保持锋利状态。

狗狗牙病的三个阶段表现形式

第一阶段 牙龈发炎或红肿。

第二阶段 牙龈重度发炎，红肿、流脓并出现牙垢，牙周组织开始被破坏，牙齿开始轻微摇动并伴随口臭。

第三阶段 牙垢堆积得越来越厚，牙龈红肿现象更加明显，牙周组织遭到严重破坏，牙齿动摇严重甚至出现脱落现象，口中臭味刺鼻。

为了狗狗的牙齿健康，这些事一定要做

不要每天都给狗狗喂食不需咀嚼的软质食物。完全用人吃的食物喂给狗狗更是错误的行为。

每隔7～10天就要给狗狗刷一次牙，此外还应准备一些磨牙玩具供狗狗啃食。

除了定期刷牙之外，平时可用蘸了生理盐水的纱布擦拭狗狗的牙齿，帮助去除牙齿表面的食物残渣，避免其口中滋生病菌。

如果使用洁牙骨等产品，要注意材质的选择，那些由黏性材质制成的洁牙骨可能会粘在狗狗的牙齿上，反而起到反作用。

一旦发现狗狗牙齿出现牙结石等疾病要马上就医治疗，如果症状不是很严重，可以通过洗牙的方式防止病情恶化。

温暖小叮咛

千万不要觉得给狗狗准备的食物越精致越好，其实狗狗在吃粗糙食物，尤其是吃那些需要撕咬啃食的食物时，它们牙齿表面的污垢和残渣也一并被处理掉了，反而不容易得牙病。

保护眼睛，别让宝贝成了泪美人

狗狗那双乌黑明亮的大眼睛一直是虏获主人怜爱之心的秘密武器。但是狗狗眼角经常出现的那团黏糊糊的脏东西却成了狗狗的“美丽杀手”，尤其是白色狗狗，眼角分泌物反复出现后，就使得眼角周围的毛色也变得脏兮兮的，让它漂亮可爱的形象瞬间打了折扣。在细菌容易滋生的季节主人要更加注意防护，千万别因为粗心大意而让宝贝每天泪眼婆娑，最后变得“脏兮兮”。

攻克扰人泪斑总动员

泪斑形成的原因：狗狗眼睛比较大，尤其是那些眼睛外突的狗狗，很容易被掉落的灰尘和毛发刺激得流眼泪，所以很多狗狗看起来总是一副泪眼汪汪的可怜样，经常流泪也使得眼角容易堆积眼屎，再加上主人没有及时清理，时间久了眼角周围的毛发也被污染变色了。除此之外，狗狗眼睛上火、发炎、倒睫毛等问题也会使得眼屎增多，刺激泪腺流眼泪。

防治泪斑的小对策：最根本有效的办法就是每天及时清理狗狗眼角的眼屎和泪痕。对于已经生成的泪斑是没有办法彻底清除的，只能淡化。先用棉棒将眼屎清理干净，再在眼角毛发处涂上硼酸水或生理盐水，然后用棉花擦拭泪斑，持续一段时间后泪斑颜色会变浅一些，但是注意千万不能把硼酸水直接滴进狗狗眼睛里。

三招搞定狗狗的眼睛护理问题

1. 平常勤清理：像西施、八哥等这类短鼻子的狗狗，本身眼睛就较为凸出，鼻泪管很容易被压迫而流泪，所以眼部总是有两条长长的褐色泪斑。平时要注意及时清理眼泪和眼屎，或者用硼酸水和洗眼水清洗，有助于缓解泪液分泌，并且淡化泪斑。

2. 及时消炎：平时多注意狗狗的眼角有没有眼屎，如果在没有眼屎的状况下还是泪眼朦胧的，就有可能是睫毛倒长刺激眼角流泪，这种情况应及时就医；如果眼屎透明或呈干褐色，并且眼结膜泛红或眼黑部分有白斑、破损的情况要立刻就医；对于患有轻微眼部炎症的狗狗，可以用2%的硼酸水或凉开水由眼角内向外擦拭，直至将分泌物擦干净为止，擦洗后再滴上眼药水或涂抹眼药膏来消除炎症。

3. 清理睫毛：像沙皮狗这类狗狗因为头部皱皮过多，很容易使眼睫毛倒长，倒长的睫毛刺激眼球引起视觉模糊、结膜发炎等问题，对此要及时就医，让兽医帮助割去部分眼皮；如果怕手术不成功使得术后眼皮包不住眼眶，就用最简单的方式吧，用镊子将倒长的睫毛拔掉。

温馨小叮咛

在此要强调的是，沙皮狗的倒睫毛是具有遗传性的，所以在购买沙皮犬的时候，除了认证血统外，还要想办法了解狗狗的父母有没有长倒睫毛的病史。

猫咪清洁需谨慎，

猫咪本身就是很爱干净的动物，每时每刻都能看到它们蹲在一处认真地用舌头梳理毛发。当然了，我们不能因为猫咪会自己做清洁而完全不去打理它，为了防治寄生虫及保持室内环境卫生等各种因素，我们有必要经常给它做清洁，其中有两大细节最不能忽视。

眼部清洁不容忽略

猫咪眼中经常会出现一些分泌物，如果放任不管的话，时间一久就会在眼周形成明显的泪斑，严重的还会使毛色发生变化，让外表形象大打折扣。所以眼部清洁一点也不能马虎。

看到猫咪眼角有分泌物或是流眼泪，要及时拿干净的纱布蘸上温水轻轻擦拭，等分泌物变软后再拿干净的棉球擦拭干净，并且检查是不是发炎或是毛发刺激的原因。

不要给猫咪使用人类的眼药水，硼酸水也可能引起猫猫眼睛发炎。

如果猫咪除了有眼屎外，还伴随发烧、食欲不振等症状的话多半是生病了，应及时带去医院治疗。

防治跳蚤刻不容缓

干净如猫咪也难逃跳蚤的侵扰，一旦不小心惹上就麻烦了，不仅会使猫咪毛质变差，还有可能被传染疾病，有些疾病甚至会殃及主人。

1

确认猫咪身上有没有跳蚤很简单，把猫咪平时睡觉的被褥放在湿的白毛巾上敲打，就能知道。另外，如果猫咪睡觉的地方经常出现一些黑色颗粒的话，取一颗放在卫生纸上，滴一滴水，如果湿润的地方呈现红色，那就表明这是吸了猫咪血液后的跳蚤粪便。

2

如果用齿梳梳理猫咪毛发时发现了跳蚤，不要急着把它碾死，而是把它粘在胶带或是放进洗涤剂里杀死。否则，在把它碾死的一瞬间跳蚤体内的虫卵就会飞出来继续粘在猫咪或人身上。

3

洗澡也是消灭跳蚤的有效方法，发现猫咪身上有跳蚤之后应立刻用专用的除蚤洗剂给猫咪洗澡，注意要从头开始一点一点地浸湿猫咪，让跳蚤无处可逃。如果猫咪不爱洗澡，可以将跳蚤粉撒在耳后、腹部、腿根处的毛发里，然后进行梳理。要每隔2～3天就撒一次。

温馨小叮咛

给猫猫洗澡不能太勤，一个月2～3次即可，而且洗澡时室内要保持温暖，以防猫咪感冒。身体不适的猫咪不适合进行洗澡等清洁活动，一切等病好了再说。

猫猫干洗或水洗，

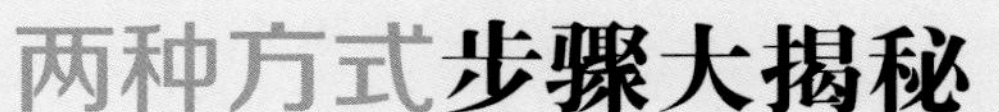

两种方式步骤大揭秘

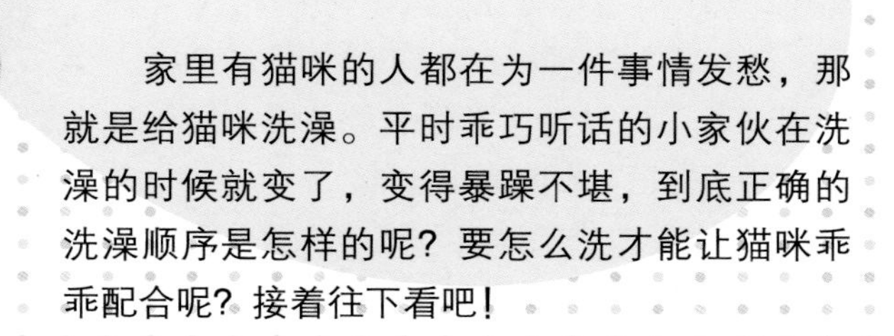

家里有猫咪的人都在为一件事情发愁，那就是给猫咪洗澡。平时乖巧听话的小家伙在洗澡的时候就变了，变得暴躁不堪，到底正确的洗澡顺序是怎样的呢？要怎么洗才能让猫咪乖乖配合呢？接着往下看吧！

猫咪水洗的五大步骤

第一步 给猫洗澡时，要先在洗澡盆内准备一盆40℃左右的温水，再将猫咪慢慢地浸入水中，一边爱抚猫背一边用手把水洒在猫身上。

第二步 左手稍稍用力抓住猫咪的脖子，防止猫咪跳出来。注意力道不要太大，以免猫咪呼吸不畅，右手用来浇水，或者拿喷头将猫咪颈部以下的毛发全部浇透。

第三步 将适量的猫咪洗剂倒在毛发上，用手揉搓到毛里层，并产生泡沫。

第四步 仔细搓揉猫咪爪子、腹部和尾巴，充分起泡后，用温水彻底冲洗，直到没有泡沫。

第五步 将猫咪从澡盆抱出来，用手轻轻快速地在猫咪身上捋水，然后再用干毛巾包裹擦拭，尽量擦至半干。

第六步　用吹风机的低热风吹猫咪的毛发，并用一只手不断拨弄吹风机吹到的地方，就像我们吹头发一样，等猫咪适应了吹风机的声音，就可以逐渐加大吹风机的风量，但是注意不要让热风烫到猫咪。

第七步　等猫咪七八成干时，用刷子刷一遍毛发，将已经掉下的毛梳下来，避免猫咪舔到胃里，影响肠胃功能。

第八步　如果猫咪有毛结块，要仔细地用梳子梳散，注意不要扯到皮肤。

猫咪干洗小妙招

可在兽医院或宠物店购买专用的宠物干洗剂和干洗粉，也可用小孩用的爽身粉代替。

先把护发素（无香型）用清水稀释1000倍，倒入喷壶中摇匀，在距离猫咪毛发约20厘米的距离喷洒。注意避开眼、鼻和耳朵这些敏感部位。

用手把毛发拨开，喷洒里层毛发，喷完后用刷子梳理一遍。

紧接着往猫咪全身撒上爽身粉，小心不要撒得太多，避免撒到眼、鼻、口等部位。

最后再用较密的梳子梳理一次就行了。

因为猫毛经常水洗会导致猫猫身上的天然油脂流失，所以一般都提倡采取干洗的方式帮助它做清洁，其实好的干洗粉的除蚤清洁功效比水洗还好呢！

LESSON THREE

第三章

毛发修护有方，靓宠必备的基础护理

长毛犬毛发修护，要保暖更要美丽

长毛犬毛发飘逸，已经成了公园里一道亮丽的风景。很多人都因为长毛犬奔跑时“长发飘飘”的动人身影而着迷。可是主人们也不能只顾着欣赏呀，像人类的头发一样，再好的毛发也需要经常保养修护才能维持其魅力哦！

长毛犬毛发基础修护法

1. 每天都要对狗狗的毛发进行梳理工作，除了梳散打结的毛团外，同时还能清除污垢和落毛。

2. 养长毛狗的主人平时必须准备3把功能不同的梳子：扁梳用来梳散打结的毛团；针梳用来梳散浓密的落毛；木梳负责最后将整个毛发梳理顺畅。

3. 不是洗澡越勤毛发越好，在天气较冷的冬天不适宜给狗狗经常洗澡，因为洗澡的同时会洗掉大量皮毛表层的油脂，这会让狗狗毛发失去自我保护的能力，造成严重的脱毛现象甚至患上皮肤疾病。

4 选择洗毛液的时候一定要遵循专业和质量这两个标准，以免用完后反而让狗狗毛发质地变差。

5 每天进行毛发梳理工作的同时还要仔细检查狗狗的皮肤有无问题，长毛狗因毛发太长、太厚而导致皮肤经常不透气，很容易产生寄生虫，发生炎症、过敏等问题。

6 要重点清理狗狗平时容易弄脏部位的毛发，比如肉垫之间、腹部和肛门处的毛发，除了勤加清洗外，还要经常修剪，让脏东西无处藏匿。

7 长毛犬内衬短毛：对于长毛犬的内衬短毛也有特殊的护理方法，即洗澡时在头部和肩胛部位按先向前梳再向后顺毛梳的方法进行梳理，腹部和腰部也要顺毛梳。尤其是在换毛季节，内衬短毛要勤加梳理，因为很容易脱落结团。

牢记毛发生长的两个重要因素

季节和气候：大多数的长毛犬在未经驯化前多生活在相对寒冷的寒带和寒温带地区，长毛犬的毛发就是为了对抗严寒气候生长的。北方地区冬季比较干燥寒冷，跟很多长毛犬的原产地气候相似，可以很好地帮助狗狗将生理周期调整到最佳状态，自然地刺激毛发的生长；但是对于长期在室内的狗狗来说，它们感受不到气候的明显变化，毛发生长也比户外的狗狗差些，所以在秋冬季节要经常安排狗狗进行户外运动，让户外的低温刺激它们的毛发，使其自然生长。

摄取营养：狗狗的毛发是一种柔软且有弹性的丝状物质，其中含有很多蛋白质，但是当狗狗身体内缺乏蛋白质、脂肪酸等营养成分时，毛发就会渐渐失去光泽，变得易脱落、易折断，甚至会停止生长。当你发现狗狗的毛发状态开始不够良好时，就说明狗狗的健康状况出现了问题。所以平时适当给狗狗补充营养也是促进毛发生长、保持毛发亮泽的方法之一，但是一定要注意控制量，营养过剩会导致肥胖，在脂肪层过厚的情况下，狗狗会完全依靠脂肪来御寒，反而使毛发生长减慢。

温暖小叮咛

在饲养长毛犬的过程中，主人一定不能犯懒，不要经常等到狗狗毛发脏到不行或结得一团糟才带去美容院拯救，毛发护理是一个长期的过程，每天都进行，才能让狗狗的毛发保持健康亮丽的状态。

短毛犬毛发护理，干净干练惹人爱

相比长毛狗的飘逸潇洒，短毛犬看起来多了一分干净利落。干净、易打理也是很多人愿意饲养短毛犬的重要原因。但是不得不说，大家只是看到了表象，短毛狗的毛发更容易分泌油脂，而且掉毛量跟长毛狗不相上下。所以长毛狗该有的毛发护理工作，短毛犬也一样不能落下哦！

不同类型短毛的梳洗方法

平滑型短毛：这是最容易梳洗的毛发类型，平时顺毛梳洗即可，但是也不能洗得太勤，以免毛发表面的油脂大量流失。

丝质型短毛：梳毛时用细齿梳梳理下额、尾巴和耳部。

刚硬型短毛：最常见的就是西高地白梗、凯恩梗、挪威梗等犬类，这类狗狗需要经常梳理，表层毛发每隔3～4个月就要拉扯梳掉，然后再洗澡。每隔6个星期左右就要用电剪剃毛，眼部、耳部的毛发则要用剪刀剪掉。

影响狗狗毛发质量的因素

1

很多宠溺狗狗的主人只是一味按照狗狗的喜好喂它喜欢吃的食物，其实这样会造成狗狗体内严重的营养失衡，对狗狗的毛发生长也极为不利。

2

频繁的洗澡不利于狗狗健康，用于保护毛发和皮肤的油脂被洗掉后，提高了狗狗得皮肤病的概率，也使得毛发干燥分叉的现象变得很严重。

3

养狗人之间一直有一种误传，说是用蛋白质涂抹狗狗毛发会使毛发光亮。其实用蛋白质涂抹毛发后，一旦变干，毛发就开始分叉、断裂，反而损害了毛发，使毛发颜色变得更加黯淡，严重的还会损伤毛根，引起炎症。

4

如果很长时间都不给狗狗梳毛、洗澡的话也会影响狗狗毛发的生长和身体健康。

5

狗狗居住的环境对毛发也有影响，过分干燥的环境会让狗狗毛发丧失水分，造成干燥、粗糙、开叉的状况。

6

如果在洗澡时给狗狗使用人用的洗发水，也会损害狗狗的毛发质量，因为人类皮肤和狗狗皮肤的酸碱值不一样，洗发水不能通用。

7

最直接厉害的损伤毛发质量的因素就是皮肤病，几乎所有的皮肤病都会直接影响狗狗的毛发。

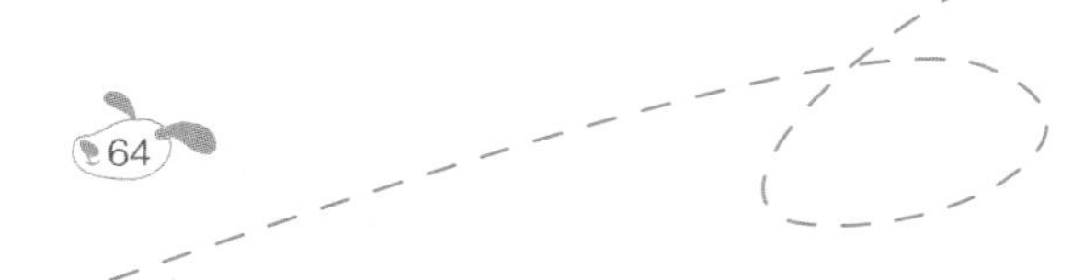

脚部杂毛勤修整，以免狗狗变“拖布”

狗狗脚上的杂毛最容易被忽略，也是最容易藏污纳垢的地方，而且它们的生长速度很惊人，长得过长就开始吸附灰尘和脏东西了，简直成了细菌繁殖的大本营。尤其是下雨天跑出去玩的狗狗，回来后绝对是满脚的泥沙，让主人头疼不已。

去除脚部杂毛的必要性

那些从脚趾缝不断生长出来的毛发，就像是固态的润滑剂，让狗狗跑步、走路的时候局促不自然，时间久了之后还会让四肢变形，步容难看。

脚底肉球缝隙里的杂毛如果过长就会把肉球盖住，致使狗狗在走路时爪子不能伸缩自如，尤其是在光滑的地面行走的时候非常容易滑倒摔伤。

脚下毛发过长还容易吸附灰尘和脏东西，尤其是走过潮湿的地方时沾上很多的水渍，给细菌繁殖提供了条件，严重的还会引发炎症。

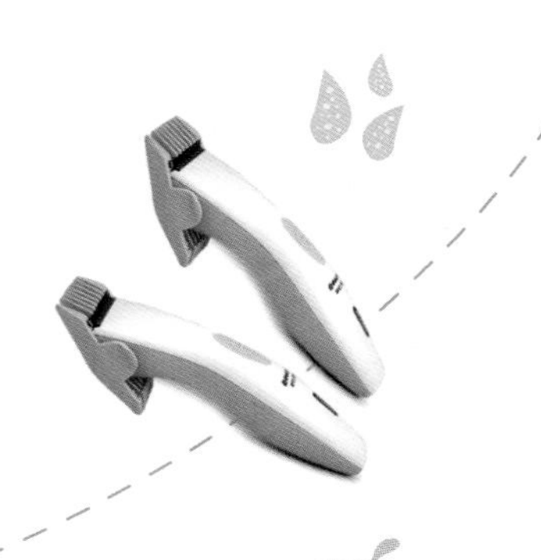

除去脚部杂毛五大技法

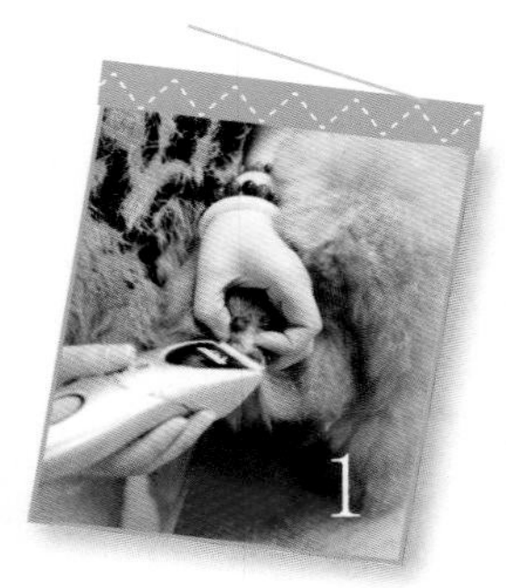

1. 用电动剃刀把那些已经盖住了脚底肉球的毛发全部剃掉。注意剃的时候用手指将肉球向左右拨动，确认好毛发的位置后再沿着肉球边缘小心地剃除。

2. 如果是用剪刀剪的话，可以借鉴一下理发师剪头发的手法，用指头作为尺子，用手指垫在想要剪短的毛发下面进行修剪，可以防止剪伤狗狗。

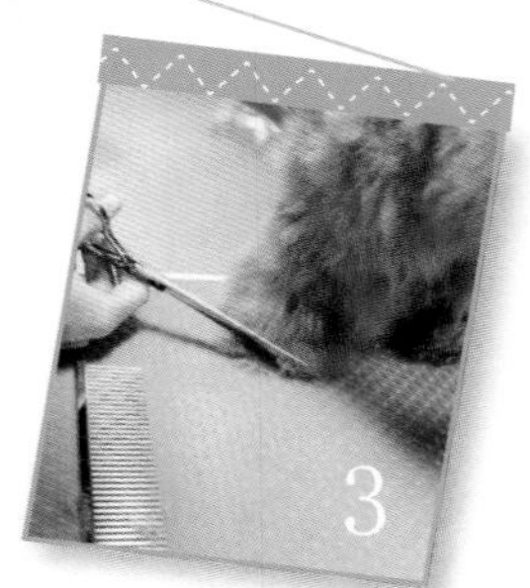

3. 脚尖部位的毛发要用小剪刀修剪至把趾甲盖住即可，使狗狗走路的时候毛发刚好搭在地上，然后再用削剪把毛发修剪成自然的圆形。

4. 前腿部分的毛发先用木梳理顺，然后用小剪刀把过长的毛剪掉。不要剪成一样的长度，按照腿部轮廓适当调节修剪长度最好，以免看起来不自然。

5. 后腿部分的毛发太长的话很容易给人沉重邋遢的感觉，所以就把它自然修剪成形就好了，不要剪得太多，要注意整体的平衡感。

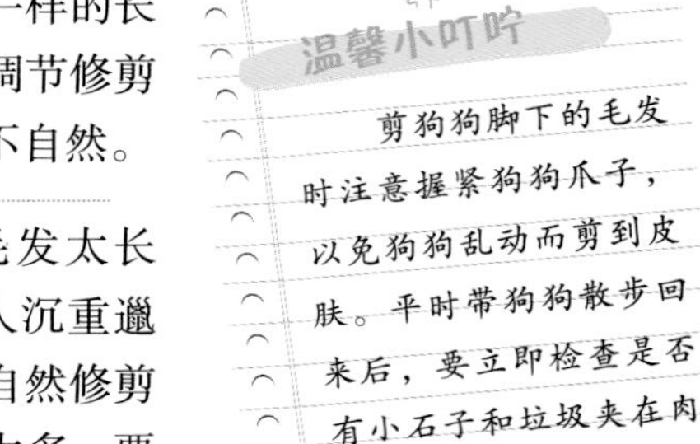

温馨小叮咛

剪狗狗脚下的毛发时注意握紧狗狗爪子，以免狗狗乱动而剪到皮肤。平时带狗狗散步回来后，要立即检查是否有小石子和垃圾夹在肉垫里，并且及时清洗，以免被细菌感染。

生殖器部位毛发修剪，细心修护是关键

给狗狗修剪毛发的时候有个地方一定不能忽视，就是生殖器部位。狗狗喜欢趴在地上，甚至在地上打滚，弄得肚子下面总是脏兮兮的，尤其是短腿的狗狗，在路过脏水坑的时候整个肚子都被弄湿了，生殖器长期被沾了尿液和污染物的毛发覆盖着很容易引起尿路感染，所以为狗狗生殖器周围剪毛势在必行。

公狗狗生殖器部位毛发这样修剪

将狗狗抱到高度适中的平台上站好。站在狗狗侧后方，用手将狗狗的一只后腿轻轻向上抬起。

主人弯腰，让头部保持与狗狗腹部平行，开始用电剪剔除狗狗生殖器两侧的毛发。

电剪的刀头必须贴着狗狗的身体，轻轻快速地将生殖器周遭的毛发推理掉。

剃一点后就要用手进行确认，看看毛发还有没有继续剃的必要，以免弄伤狗狗的生殖器。

接下来就开始剃上腹部的毛发。主人站在狗狗的前方，将狗狗的两只前脚同时往上提起，露出腹部的毛发，将电剪从生殖器的前端向上贴着皮肤推毛。

剃上腹部两侧的杂毛时主人站在狗狗的侧前方，让电剪从侧面贴紧狗狗的皮肤进行推理。

最后将狗狗腹部的毛发整体剃成倒V型或倒U型。

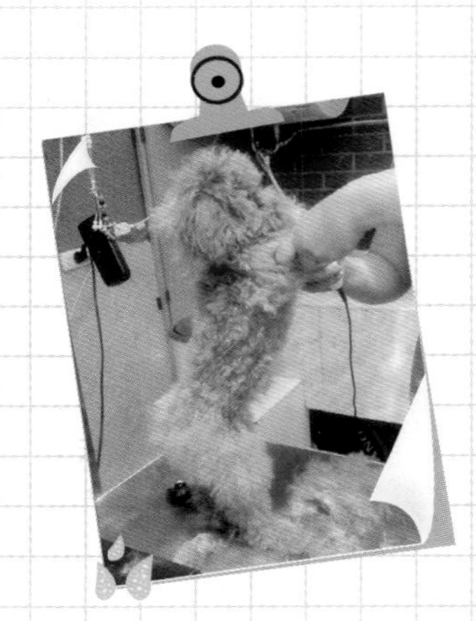

母狗狗生殖器周围毛发这样修剪

1 同样站在狗狗的后侧方，将狗狗的一只后退抬起，顺着胯下部位的角度推毛，电剪必须平贴着狗狗的皮肤进行。

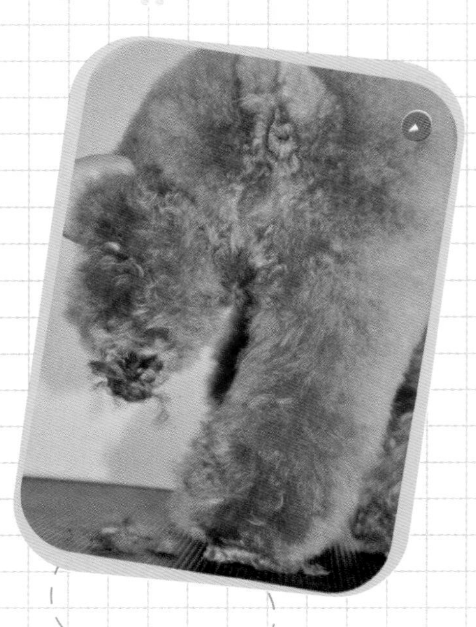

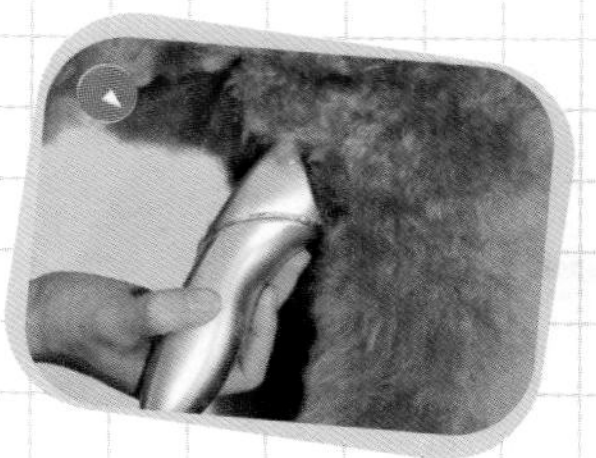

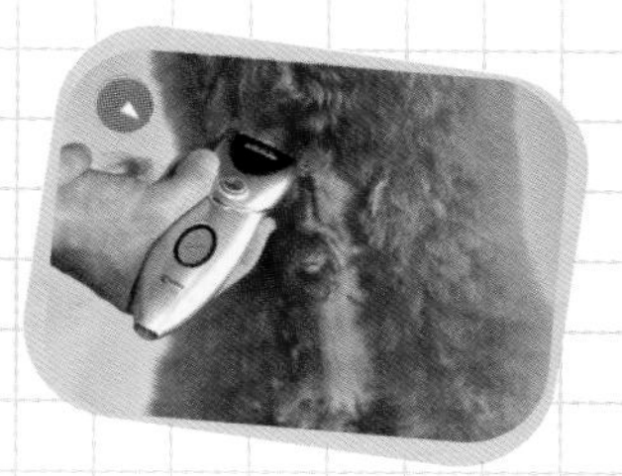

2 还有一种方法是抬起狗狗右脚后，用电剪剃去左半边的毛发。

3 正式开始剃除生殖器旁边的毛发时先用手指将此处的毛发拨弄松散。

4 按从外到内的方向将生殖器附近的毛发剃除干净。

5 生殖器表面的毛发用电剪轻轻平行推过，可以不用完全剃除干净。

温暖小叮咛

主人须注意的是，狗狗生殖器部位的毛发属于危险地带，如果之前没有剃毛经验的话先不要亲自尝试，以免给狗狗造成不可逆转的伤害。前期可先带狗狗去美容院修剪，观察学会后才能尝试。

脸部毛发常修剪，萌宝出镜全靠这张脸

像西施、马尔济斯等犬类，脸部的毛发过长也成了主人们头疼的问题。因为眼睛和嘴巴周围毛发过长，以至于刺激眼睛流泪，时间久了眼角部位就形成了泪斑，让狗狗外形减分不少。嘴边的长毛在吃饭的时候不断地泡在食物里，时间一长就变得脏兮兮的，洗都洗不干净。所以经常修剪这类狗狗眼周和嘴部的毛发也十分必要。

眼周、嘴部毛发的正确修剪法

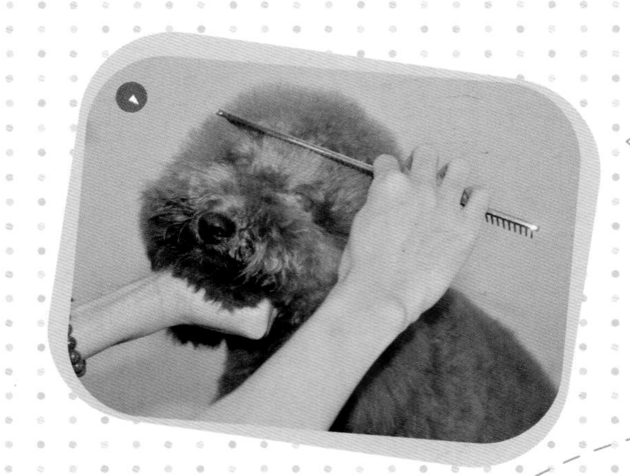

1 先用扁梳将眼睛周围的毛发全部向上梳散，特别是眼窝里的毛发，要全部梳理清楚。

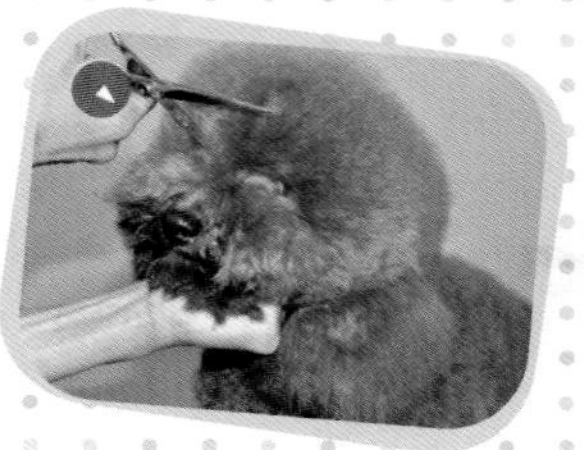

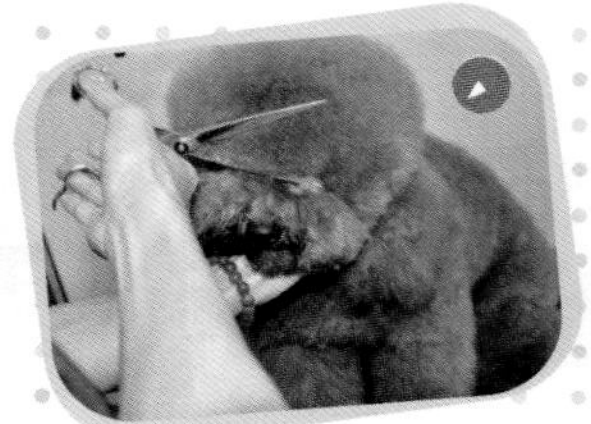

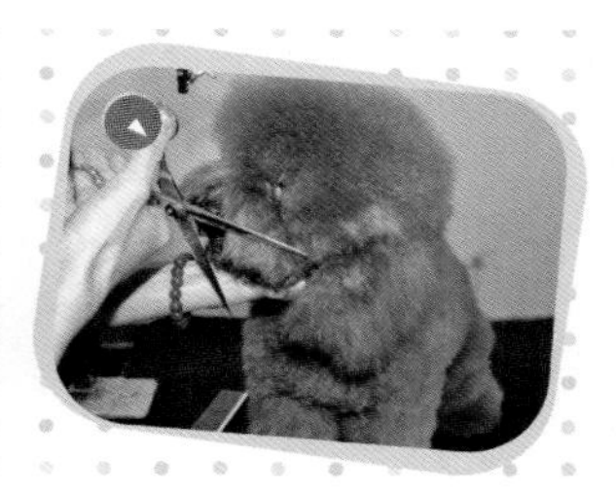

2 主人和狗狗面对面，用一只手撑着狗狗头部，剪刀和皮肤呈45°轻轻斜插进眼周毛发里进行修剪。

3 慢慢用剪刀靠近狗狗的眼睛，趁着狗狗闭眼的瞬间迅速将剪刀放平剪去眼睫毛，防止眼睫毛过长或倒长刺激泪腺。

4 用梳子将狗狗额头上的毛发向下梳理，用剪刀朝着眼角方向剪掉额头多余的毛发。将眼睛周围的毛发慢慢剪短，使整体看起来圆润自然即可。

5 用梳子将狗狗嘴边的毛向下梳散，剪刀平贴着嘴部，将多余的毛发剪掉。

温暖小叮咛

很多主人都反映，给狗狗剪脸部毛发的时候很不自然，甚至手抖，这是因为技术不够熟练，害怕剪到狗狗而形成的恐惧心理在作祟。不要着急，记住熟能生巧，先慢慢进行，等娴熟后就不会有问题了。

拒绝狗狗打结毛，顺滑松散才是王道

狗狗毛发如果没有经常梳理就很容易打结，尤其是卷毛狗，毛发打结后不仅看起来不美观，而且纠结成团的毛发也成了细菌和寄生虫繁殖的乐园，洗完澡吹毛的时候也很难完全吹干。所以主人们发现狗狗毛发打结后就要及时出手，避免这类情况加重。

巧解轻微打结毛发

性质：只是表面毛发有打结情况的毛发属于轻微打结。

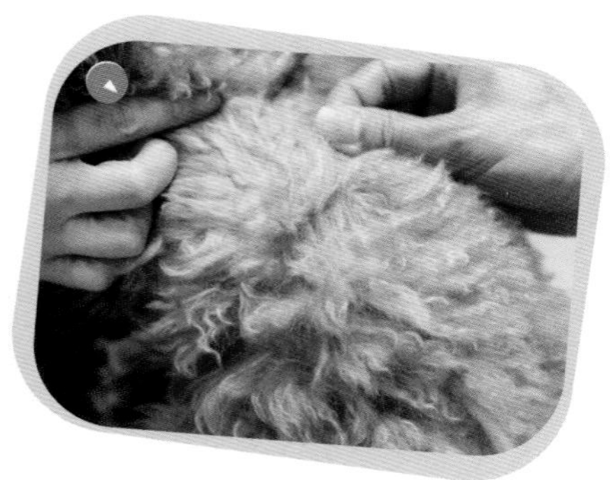

1 先用手拨弄检查下打结毛的位置。

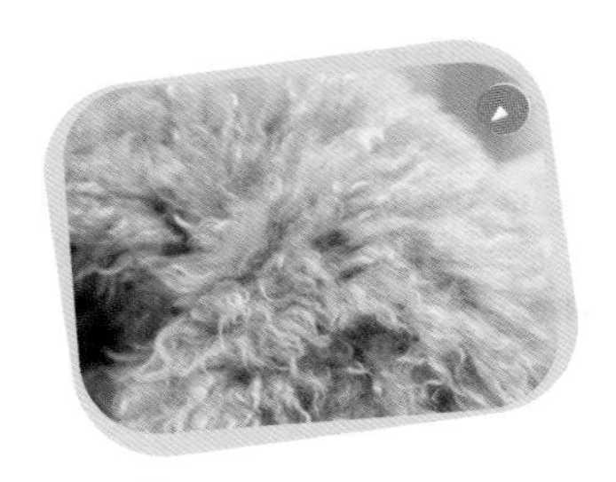

2 将专用于梳理的护毛霜均匀涂抹在狗狗打结部位的毛发上。

3 如果毛发是因为沾染了脏东西而打结，就先用手将脏东西去掉，再用针梳从毛根部开始贴着皮肤轻轻进行梳理。尽量多梳理几次，梳子感觉畅通无阻后换扁梳梳理。

巧解中度打结毛发

性质：需要用双手合力才能撕开的打结块就属于中度打结毛发了。

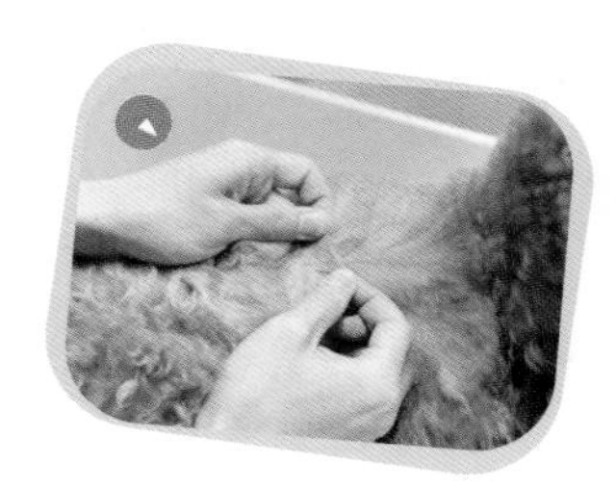

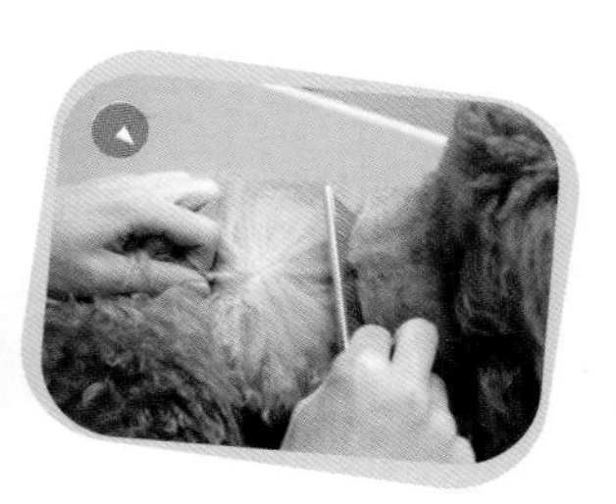

1 确定好打结毛块的位置后，分别用两手的食指和拇指将毛球梳散开。

2 用针梳进一步梳理，注意动作轻柔，不要扯痛狗狗。

3 用扁梳边梳理边检查是否还有打结的地方，以免针梳梳齿间距太大而有所遗漏。

巧解重度打结毛发

性质：毛发大面积纠结成块，用手也没办法轻易撕开就属于重度打结毛发。

1 确定了毛块位置后，用左手的食指和拇指捏住毛块的根部位置，右手握着剪刀从毛根部向外将毛球挑开。注意是垂直向外挑，这样就降低了毛发损失。

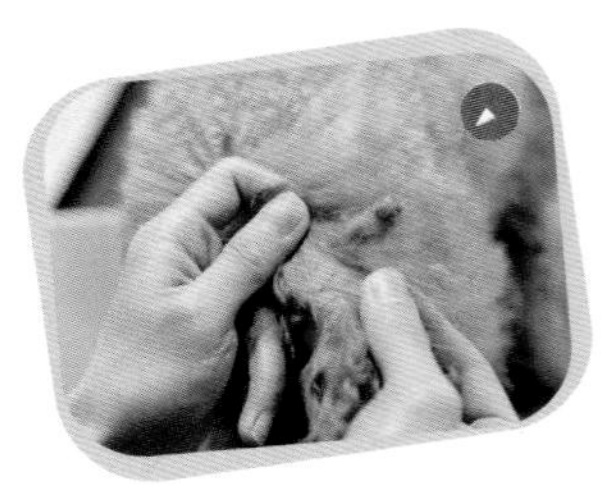

2 挑好后，毛块的打结程度就变成中度打结了，现在用手轻轻撕开结块。

3 用针梳和扁梳按处理中度打结毛发的方法依次进行梳理。

温暖小叮咛

注意不能在未打开结块前就给狗狗洗澡，不光是因为这样根本就洗不干净，更重要的是被水沾湿的结块会结得更牢固且更不易解开。所以，先将所有结块解决后再给狗狗来个彻底清洁吧！

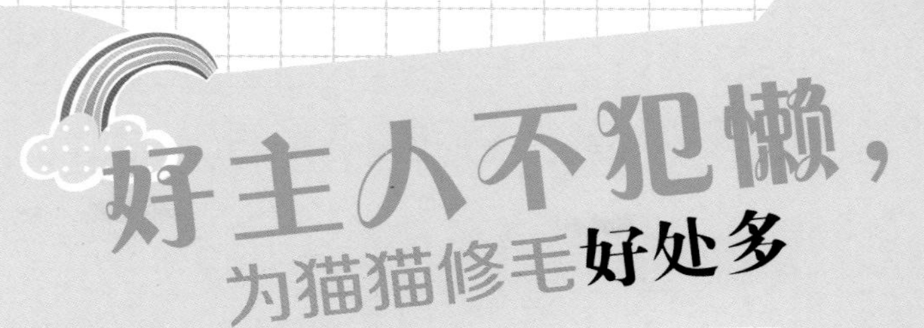

好主人不犯懒，为猫猫修毛好处多

给猫咪剪毛已经不是什么稀奇事了，尤其是在炎热的夏天。但是因为猫咪敏感的神经和特立独行的性格，注定了它不会像狗那样长时间任人摆布，要是恰好再遇到一个没有耐心的美容师，结局只能是花钱让猫咪受罪了，所以不建议带猫咪到宠物店去剪毛，其实只要掌握了基本的剪毛技术，自己在家就可以进行。

在家这样给猫修毛应该是稍作修理，并非剃光吧

1 将梳理整齐后的猫咪抱到较高的平台上站稳。

2 先从猫咪的脖子后方下手，顺着毛的走向往后背处剃下去，一直平滑地剃到尾巴根。

3 然后开始剃猫咪两肋处的毛发，按照从前肢往后肢的方向剃下去。

4 在剃猫咪肚皮上的毛发时，主人要站在猫咪侧前方，然后两手从猫咪前腿根部将它向上抬起呈站立式，然后拿电剪从脖子处按照从上往下的顺序推剪。

5 接下来要剃的是猫咪四肢的毛发，前肢相对来说要好剃一些，按照由上往下的顺序剃即可。后肢就比较麻烦，因为猫总是喜欢将后肢藏起来窝着，所以剃毛的时候需要花点力气拽着后肢进行修剪。

6 最后就是尾巴部分了，先将猫咪摆回四肢站立的姿势，在推剪的时候千万不要用力往上抬它的尾巴，虽然平时它的尾巴可以竖得很高，但是在它不主动配合的情况下用蛮力去拉扯就很容易弄伤。

教你判断猫咪到底该不该剃毛

需要剃毛的几种情况：

已经确认猫咪有了皮肤病，需要将毛剃掉后再治疗。

猫咪掉毛情况比较严重，而且喜欢舔毛，这时不妨适当地修剪猫咪的毛发，就能减少吞毛的状况。

很怕热的猫咪，在夏季高温时就该剃毛降温。

不适合剃毛的几种情况：

如果是生活在北方或夏季气温不高的城市，就不要为了好玩给猫咪剃毛。

如果家里没有地板或地毯，而是地砖或大理石，就不要给猫咪剃毛了，它经常趴在冰凉的地上容易感冒。

如果有一只本身很敏感且个性和自尊心极强的猫咪，尤其是没有做过绝育的公猫，毛发就是它们雄性的标志性特征，一旦剃光了，会伤到猫咪的自尊心。

如果家中有两只以上的猫咪，并且相互有打架的情况，就不要给猫剃毛了。因为毛发对猫咪的皮肤起到保护作用，剃毛后失去保护的皮肤极易受伤。

如果猫咪有经常外出的习惯，也不要给它剃毛，以免在外容易受伤或者感染疾病。

温馨小叮咛

无论是剃毛还是做其他的美容，主人一定要记住，猫猫是一种极有个性的动物，我们不能轻易把自己的喜好强加给它，应该在充分了解自己宠物脾性喜好的基础上进行美容工作。

LESSON FOUR

第四章

基础造型入门，新手级主人看过来

百变狗狗之十二种经典发型

难道只有小女孩才能每天变换发型吗？其实不然，只要主人够时尚，狗狗就可以被打扮出各种靓丽的造型。比起其他同伴一成不变的造型，你的狗狗即使只是扎个小辫子也能立刻在人群中脱颖而出。下面就来介绍最基本的十二种经典狗狗发型。

十二种经典发型任你变换

一柱擎天：利用橡皮筋、定型水将狗狗头顶的毛发束在一起就可以了。

燕子翩翩：用造型梳在头顶部开中线后，在两边各扎一条小辫子，然后用交错的方法把两条辫子绑在一起，最后搭配一款漂亮的头花，就更美了。

开心小辫：先在头顶用造型梳划分中线，然后在两边各扎出一条辫子即可。

少女小辫：用造型梳在头部分出中线，在两边各束起一条小辫，然后各自向后扎，使两条辫子产生平行的效果。

贵妇发髻：先在头顶部位扎一条辫子，用橡皮筋固定后把辫子向后拉，和头顶后方的毛发扎在一起即可。

麻花发髻：用美容纸包住辫子的下半部分，再将上半部分扭出形状，然后尾部向后扎，打造出类似发髻的效果。

顶上红妆：在头顶位置抓起一小撮毛发，用美容纸包着，再用橡皮筋固定住，最后扎上红色的装饰品就可以了。

头戴三花：左右各束一条辫子后，再将它们的底部束在一起，然后分别在三根橡皮筋上都别上小花。

狂野美人：在头顶的位置分前后束起两个辫子，用橡皮筋扎起来，再把辫子的尾部梳散，营造出一种凌乱感。

清新蝴蝶：在顶上红妆的辫子的基础上，用造型梳把辫子的尾部分成两个部分再扎上蝴蝶结。

一枝独秀：先扎好一根冲天辫，然后在后面把毛发等分成三段，用两根橡皮筋扎好即可。

烈焰女神：用造型梳在顶部分中线，两边分别扎起数根辫子，再在底部全部束在一起，用各色橡皮筋效果更佳。

开心小辫

贵妇发髻

顶上红妆

清新蝴蝶

少女小辫

一枝独秀

狂野美人

一柱擎天

温暖小叮咛

白天出去玩的时候可以给宝贝梳各种造型，但是要记住，回家后就及时解开哦！之后再用梳子把毛发梳散开，以免狗狗戴着橡皮筋过夜会不舒服。隔天解橡皮筋也会增加狗狗被扯毛时的疼痛感。

贵宾犬最常见的造型大科普

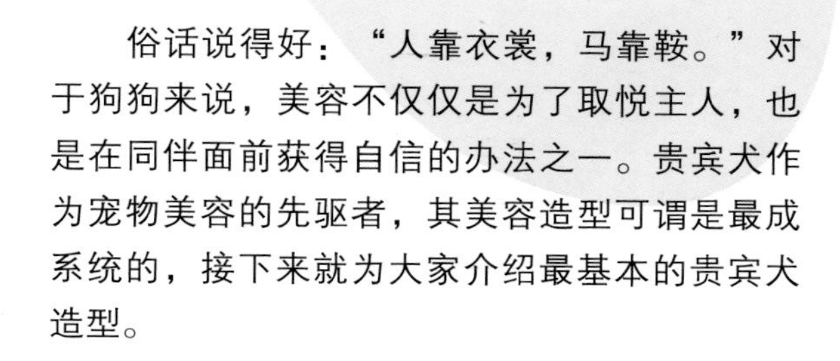

俗话说得好：“人靠衣裳，马靠鞍。”对于狗狗来说，美容不仅仅是为了取悦主人，也是在同伴面前获得自信的办法之一。贵宾犬作为宠物美容的先驱者，其美容造型可谓是最成系统的，接下来就为大家介绍最基本的贵宾犬造型。

我型我秀之三大贵宾美容型

1 幼犬型：一般不足一岁的贵宾犬会被修剪成留有长毛的幼犬型。幼犬型造型主要是修剪面部、喉部、脚部和尾巴下部，修剪后整个脚部都会清晰可见，尾巴则被修饰成绒球状。为了看起来更自然有型，对全身的毛发也要进行适当的修剪。

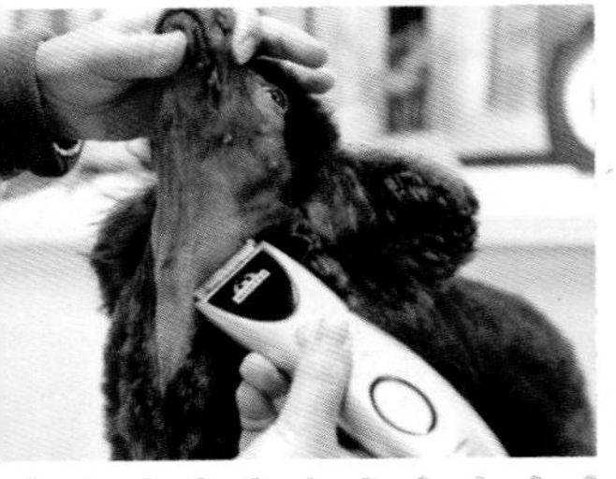

2 欧陆型：这类造型主要是修剪面部、喉部、脚部和尾巴底部。狗狗的后半身至臀部被修剪成绒球状，其他都修剪干净，使得整个脚部和前腿关节处以上的部位暴露出来。至于身体其他部位的毛发则不用修剪。

3 猎犬型：在修剪过程中，面部、喉部、脚部和尾巴底部都要进行修剪，只留下一团剪齿状的帽型皮毛，尾巴底部也被修饰成绒球状。为了让整个身体轮廓清晰流畅，躯干的其他部位包括四肢的毛发都不要超过2.5厘米。

根据狗狗自身特点进行美容最适合

头部较小的狗狗：为了弥补头小的缺憾，可以将头部的毛发留长，然后剪成圆形，颈部的被毛自然下垂，耳朵部分的毛发也要留长，这样头部就会显得大而美观。

头部较大的狗狗：头大的狗狗可以将头部的毛尽量剪短，颈部的毛发不需要剪短。

身材较胖的狗狗：胖狗狗可以将全身的毛发都剪短，而四肢的毛发则剪成棒状，这样能从视觉效果上显得身材纤瘦一些。

身材纤长的狗狗：狗狗身材看起来有点长的话就把胸前或臀部后方的毛发剪短，然后用卷毛器把身体的毛卷松一点，这样会让身体显得短一些。

脸部较长的狗狗：长脸狗狗可以将鼻子两侧的胡子修剪成圆形。

眼睛较小的狗狗：眼睛小的狗狗应该将上眼睑的毛发剪掉两行左右，才能起到放大眼圈的作用。

颈部较短的狗狗：完全可以通过修剪颈部的毛发来改善这一状况，颈中部的毛发剪得深一些，会有将颈部拉长的效果。

温暖小叮咛

在做完这些造型后，头部的毛发都可以顺其自然或者用橡皮筋扎起来，除非头部毛发实在太长就需要修剪。

一起重温雪纳瑞的那些经典造型

雪纳瑞以活泼可爱著称，一到夏季，主人们就开始摩拳擦掌想给宝贝打造一款又潮又适合的造型，不着急哦！先一起来回顾一下雪纳瑞那些经典的造型吧，从中能找到别的灵感也说不定哦！

十大风靡一时的雪纳瑞经典造型

1 标准造型：最常见的雪纳瑞造型就是将背部的毛发剃掉，只留下四肢和裙脚，而头部也只剩下眉毛和胡子。这样的造型使长短毛部位形成鲜明的对比，显得清爽又不失时尚感。腹部和四肢保留的毛发更像是给宝贝穿上了裙子，徒增一丝活泼和俏丽。

2 清爽造型：将狗狗全身的毛发都剃短，嘴巴部位的毛发剪成圆形，使它整体看起来干净利落，洗澡后也更容易吹干。另外，将尾巴部位的毛发也剃掉，四肢的毛发略作削短，剪成成比例的圆筒形，这款短毛造型博得了众多主人的喜爱。

3 毛驴造型：这也是众多养狗人士熟知的一款造型，保留腹部的长毛和脸部的胡子，背部要剃，以免毛太长产生杂乱感。下巴毛发则修剪成V字型，眼眉斜剪成尖形，肩膀部位的毛发沿着毛流剪齐，看起来像是裙装。

4 朋克造型：这款朋克风格的造型一定需要服饰的搭配才能凸显效果。牛仔布料的衣服和鞋子，加上另类夸张的辫子，就成了乖张的朋克一族，很多欧美国家的主人都很热衷于此款造型。

5 贵妇造型：雪纳瑞也可以百变哦！将毛发烫卷后就能制造出类似贵妇或泰迪风格的造型，虽然和雪纳瑞自身的特色背道而驰，但是这款刚柔并济的造型也有不少人喜欢。

6 肥仔造型：尽量保留身体各部位的毛发，将头顶部位的毛发打造至圆润效果，耳朵毛发自然下垂，有点类似比熊犬的造型，整体看起来肥嘟嘟的超级可爱，唯一的缺点是夏天会让宝贝感觉很热。

7 王子造型：对于毛量厚实的雪纳瑞，这款造型绝对适合。修剪耳朵之后仔细修剪眉毛和眼睛周围的毛发，其他部位可以不管，下颌和胸部的毛发遥相呼应，给人王子般的王室气息。

8

熊猫造型：这款造型是专为胡子和眉毛均为浅灰色，唯独眼周有一圈细密的黑色睫毛的宝贝量身打造的，将眼睛周围的毛发全部剃掉后就成了熊猫眼，天然呆和萌死人不偿命说的就是它。

9

囧脸造型：如果你的雪纳瑞毛发天然卷曲或脸部有点奇特的话可以尝试这款造型，在其他造型的基础上，对宝贝的囧相加以强调，打造一款天然囧脸的囧囧造型，会让人忍俊不禁。

10

爱斯基摩造型：这款造型要胡子和腿部均是纯白色的黑色雪纳瑞才能演绎得活灵活现，其他部位不能有一点杂色。不论修剪成什么样，都有点爱斯基摩人养的雪橇犬的感觉吧？

温馨小叮咛

虽然主人对这些造型已是司空见惯，但是每个宝贝都有各自的特点，需要主人耐心发现，这样才能结合宝贝的特征，打造出一款谁也模仿不来的造型。

西施犬公认的标准造型应该是全身覆盖长毛，头部圆润，耳朵大且被长毛覆盖，两耳距离宽，尾巴高耸，为羽毛状。既然有了标准，那就来看看西施犬的基本美容法吧！

西施犬基本造型法

在给西施犬进行美容时，先将全身的被毛用齿梳由背部正中向两侧分开。

为了不让腹部的毛因太长而结块和便于狗狗行走，应将腹下的被毛剪去1厘米左右的长度。

为了使翘起的尾巴更好看，在尾巴根部剪去0.5厘米左右的被毛。

脚部周围的毛也应尽可能地剪去。

专属西施犬的扎发造型

西施犬脸部的毛发很长，过段时间不打理就容易遮盖双眼，影响视线，因此，就有了下面这款针对长毛西施犬的扎发造型，既保护了狗狗的眼睛，还为狗狗的外形加分不少。

先将鼻梁上的长毛用梳子沿正中线向两侧分开。

再将鼻管到眼角的毛梳分为上下两部分，从眼角起向头后部将毛呈半圆形上下分开。

用左手先握住眼部到头顶上方的长毛，用细齿梳按逆毛方向进行梳理，使毛蓬松。

拉紧头顶部的毛发，用橡皮筋束起，再用小蝴蝶结装饰。

还可以将头部的长毛在左右两侧各扎一条小辫子。

温暖小叮咛

西施犬的这款造型不仅仅是为了美观好看，更多的是为了狗狗健康着想才把过长毛发竖起来的。主人要记住，白天做的造型，到了晚上一定要把橡皮筋解开，以免狗狗束着“头发”睡觉不舒服，这样也对毛发生长不利。

LESSON FIVE

第五章

创意造型秀，百变美宠闪亮登场

胡子飘飘，仙风道骨味十足

雪纳瑞因脸上长长的毛发和特色十足的五官而被人们亲切地称为“小老头”。虽说这也是它自己的特色，但如果任由毛发生长而不加打理的话，“小老头”也会渐渐变成邋遢的流浪汉。所以想让小雪既保持特色又魅力十足，那就不妨学学以下的造型方法吧！

创意造型是这样炼成的

1 一只手固定住狗狗头部，另一只手用电动剃刀从额头部位开始向后将毛剃短。

2 紧接着上一步的动作继续剃短后脑上的毛发。

3 同样继续上一步骤，将脖颈处至背部中间的毛发剃短。

4 一个人站在狗狗前面固定住头部，另一个人从后面用电动剃刀按朝下的方向剃短前肢的毛发，注意只剃短上半部分。

5 保持上一步姿势，按同样的方法剃短狗狗后腿的毛发，注意也只剃短上半部分。

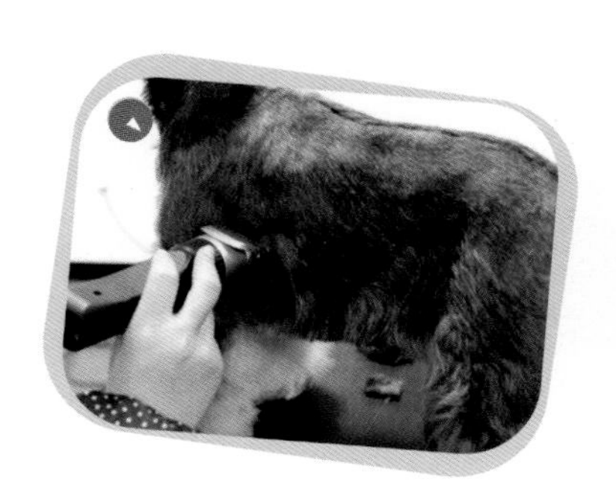

6 站在狗狗身侧，一只手固定住狗狗头部，另一只手用电动剃刀剃短身体两侧的毛发。

7 站在狗狗正面，一只手握住狗狗嘴巴，另一只手用电动剃刀从耳根部开始将两侧脸颊的毛发剃短。

8 站姿不变，一只手将狗狗头部向上抬起，然后用电动剃刀将脖颈和前胸部位的毛发剃短。

9 站在狗狗身后，一只手托起狗狗尾巴，另一只手用电动剃刀小心地将尾巴部位的毛发剃短。

10 剃完后，一只手向上提起尾巴，然后用剃刀将肛门附近的毛发剃短。

11 一只手将狗狗耳朵捏在手里，另一只手用电动剃刀将耳朵上的毛发剃短。

12 向后抬起狗狗的一只脚，用剃刀将脚掌部位的杂毛剃掉。

13 至于脚掌周围的一圈毛发要用剪刀修剪整齐。

14 站在狗狗身后，用剪刀修剪四肢下半部分较长的毛发，修剪整齐即可，不用剪短。

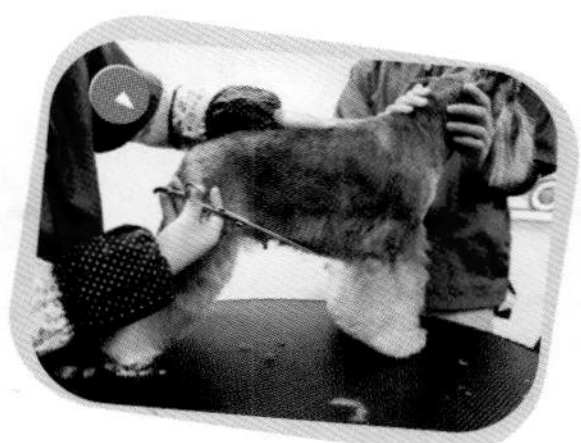

15 再用剪刀按平行方向剪短腹部下垂的长毛，注意修剪后前段毛发一定要比后半段长。

16 站在狗狗身侧，一只手从下面握住狗狗嘴巴，然后用剪刀将眼睛部位的毛发修剪成如图的形状。然后将嘴巴两边下垂的毛发梳散。

17 修修剪剪之后，虽然同样是“胡子”飘飘，但是狗狗整体多了一分干练的气质。

温馨小叮咛

雪纳瑞的“胡子”是它的标志之一，但是如果“胡子”太脏太乱那就反而影响整体形象，所以主人一定要经常帮狗狗打理哦！

玩转模仿秀，我是一匹来自草原的“骏马”

对于爱玩到极致的雪纳瑞宝宝来说，造型的夸张程度完全可以自由掌握。它们乖张与温婉兼具的外形条件更是胜任不同风格造型的有力保障。在模仿秀风盛行的现在，让爱宠也过一把角色扮演的瘾吧！

创意造型是这样炼成的

1 先将雪纳瑞除头部和背部前段以外的毛发剪短，然后用电动剃刀在背部前段和身体两侧的短毛之间进行剃剪，使其背部的毛发形成马儿鬃毛的样子。

2 继续用电动剃刀在背部后段和留有长毛的背部前段交界处剃出明显的分界点。

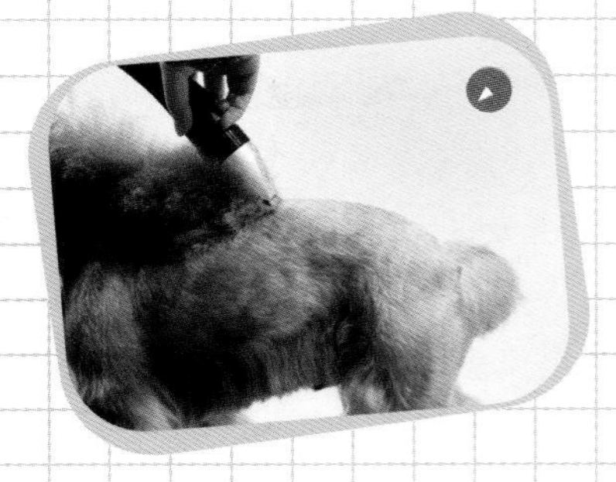

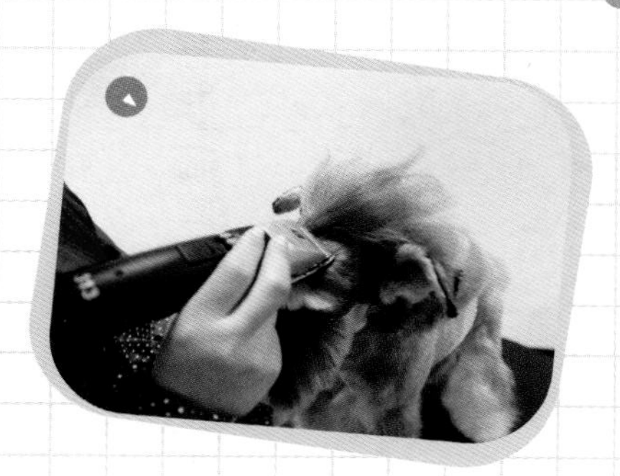

3 用电动剃刀如图将狗狗额头部位的毛发剃短，剃至额头与头顶部位交界处即可。

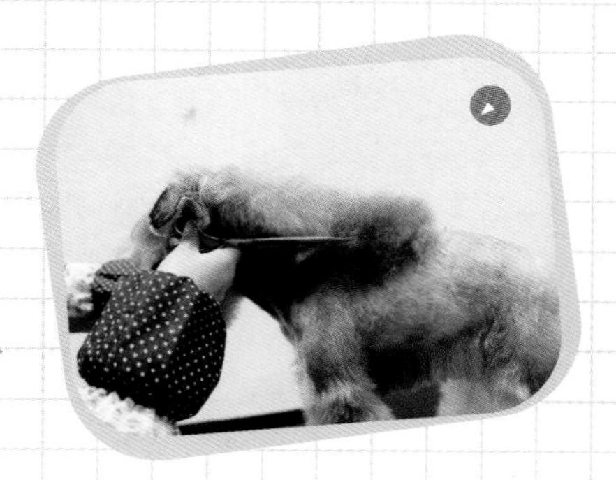

4 改用剪刀将剃出了轮廓的“鬃毛”进行修剪，使其整体更有型。

5 将头顶的毛发向上捋，把太长的部分稍稍剪短。

6 最后再稍稍整理下，主人就可以牵着雪纳瑞乔装的马儿出门拉风啦！

温馨小叮咛

如果狗狗刚洗完澡毛发很蓬松的话，有可能风一吹“马鬃”就乱了，别着急，如果家里有啫喱水可以稍稍用一点作定型，但是要记得回家后立刻洗干净哦！

让姐的犀利双辫惊艳全场

活泼好动的雪纳瑞总给人十分淘气的印象，很多雪纳瑞的主人在给宝贝选择造型的时候，总是感觉难有重大突破。看着别人家的宝贝每天扎着小辫洋气十足就很是羡慕，其实雪纳瑞一样可以扎小辫卖萌啊！它灰黑色的毛发扎起的小辫，能瞬间提升自己的萌宠气质。

创意造型是这样练成的

1 用一只手托住狗狗下巴，另一只手用剪刀将狗狗眼部周围的杂毛修理平整。

2 用一只手捏住狗狗嘴巴，露出一侧脸部，用剪刀将眼角部位垂下的毛发修短。然后在另一侧按同样的方法进行修剪。

3 一只手托起狗狗下巴，另一只手用剪刀将一侧耳根部位和头部杂乱的毛发修剪整齐。

4 一只手托起狗狗下巴，用剪刀将狗狗嘴部的长毛剪短。

5 一只手托着狗狗下巴，剪刀放平，继续将头部毛发修剪整齐，使整个头部看起来接近圆形即可。

6 一只手托起狗狗下巴，露出一侧耳朵，用剪刀将耳朵部位的毛发修剪整齐，但是尽量不要剪得太短。

7 用手轻轻将耳朵上的长毛编成辫子，在尾端扎上头花。看，一个漂亮的辫子头造型就完成啦！

8 嫌麻烦的话，也可以省去编辫子的过程，直接把头花扎在耳根处或者耳尾的毛发上，也别有一番风情呢！一定要注意千万不要把头花直接扎在狗狗耳朵上哦，以免阻塞耳部血液循环，对狗狗耳朵造成伤害。

温馨小叮咛

因为小雪活泼好动的个性，所以主人们千万不要选择较重的金属发饰给狗狗扎小辫，以免它在奔跑跳跃的过程中被发饰打到脸部而造成伤害。

蘑菇头宝宝，电眼萌神无人能挡

圆圆的小蘑菇堪称植物界的一大萌物，还记得超级玛丽里可爱的小蘑菇吗？你还在为橱窗里的蘑菇玩偶无法自拔吗？如果家里有宠物，何不动手给自家狗狗也剪个蘑菇头的造型呢？会叫又会动的蘑菇头小宝贝比什么都来得可爱。

创意造型是这样炼成的

1 用一只手托住狗狗下巴，另一只手用剪刀将狗狗眼部周围的杂毛修理平整。

2 继续用一只手托着狗狗下巴，另一只手拿剪刀将狗狗耳朵部位的毛发修剪整齐，长度以刚好覆盖狗狗耳朵为准。

3 一只手抬起狗狗下巴，直至能完全看到它的脸部。然后拿起剪刀靠近狗狗，趁它闭眼的时候将其眼周的杂毛修剪干净。

4 继续保持抬起狗狗下巴的姿势，用剪刀将狗狗嘴部周围较长的毛发剪短。

5 紧接着修剪狗狗头部的毛发，尽量将毛发修剪至轮廓圆润即可。

6 简单几下，可爱的蘑菇头造型就横空出世啦！

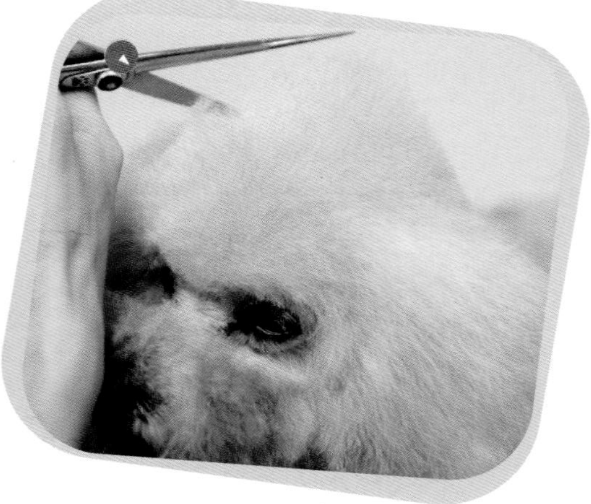

7 在蘑菇头的基础上还可以变幻出很多造型哦！比如，再次用剪刀沿着耳根部位按向上的方向将头部的毛发修剪成尖顶形。

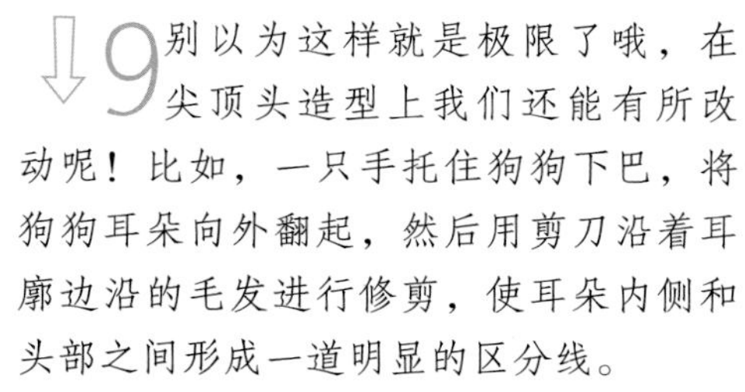

9 别以为这样就是极限了哦，在尖顶头造型上我们还能有所改动呢！比如，一只手托住狗狗下巴，将狗狗耳朵向外翻起，然后用剪刀沿着耳廓边沿的毛发进行修剪，使耳朵内侧和头部之间形成一道明显的区分线。

8 这样一来，可爱中又多了一丝霸气呢！

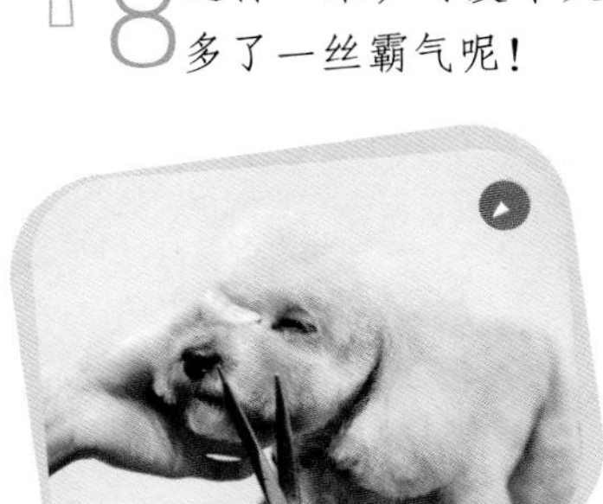

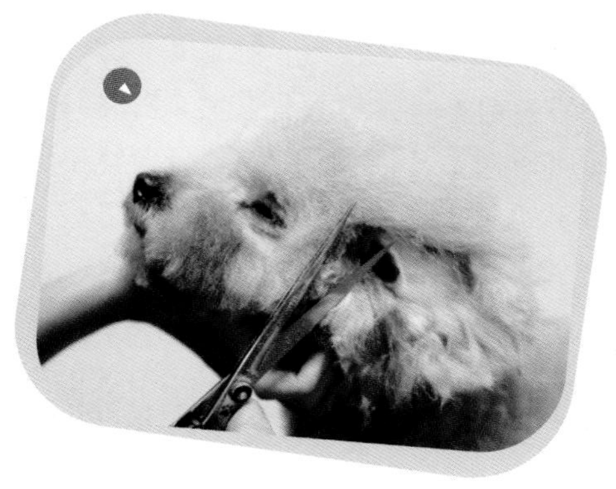

10 再将狗狗脸部轮廓的毛发弧度修剪得更完美一些。

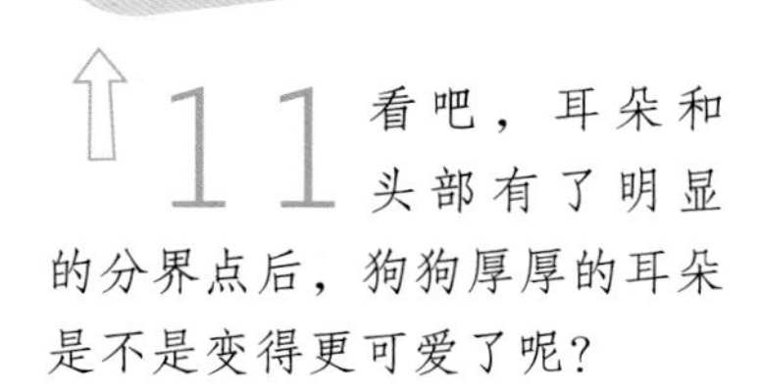

11 看吧，耳朵和头部有了明显的分界点后，狗狗厚厚的耳朵是不是变得更可爱了呢？

温馨小叮咛

主人们要注意啦，在进行这款造型的时候一定不能将毛剪得参差不齐，要尽量使整体毛发看上去有浑然一体的感觉。还有，在剪耳朵部位的时候，一定要仔细认真，以免剪到狗狗的耳朵，从而造成伤害。

窈窕“淑女”，君子好逑

在贵宾犬的众多造型中最普遍也最招人喜欢的就是泰迪了，因为这种狗狗本身蓬卷的毛发就为可爱的泰迪造型打好了基础。不过，经常看着宝贝因毛发显得胖乎乎的身体难免会审美疲劳，何不动动剪刀，给宝贝“减减肥”呢？“窈窕”的小美女一定会更受其他狗狗的欢迎哦！

创意造型是这样炼成的

1 先用排梳将狗狗身上厚重的毛发一点一点梳散。

2 对着狗狗屁股，轻轻向后抬起狗狗的一条后腿，露出下腹部，然后用电动剃刀小心地按之前介绍过的方法剔除狗狗生殖器附近的毛发。

3 将狗狗尾巴向上掀起，露出屁股，继续用电动剃刀小心地剃除肛门附近的杂毛。

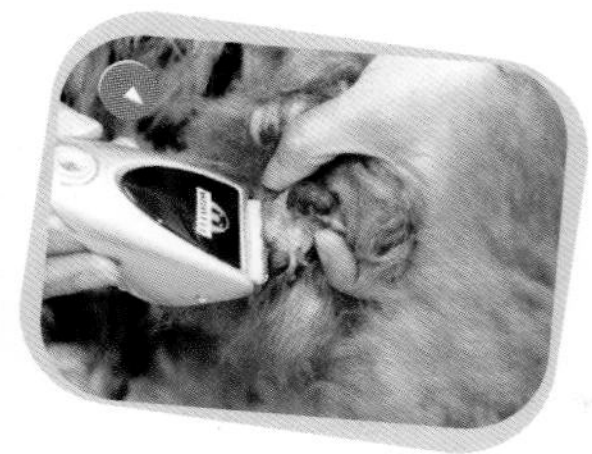

4 还是按之前介绍过的方法，用电动剃刀剃除狗狗脚掌的杂毛，还要扒开肉垫，将肉垫缝里的杂毛也一并清理干净。

5 站在狗狗后面，再轻轻向后抬起狗狗的一条后腿，用剪刀把脚上过长的毛发剪掉。

6 剪好脚毛后，让狗狗在桌面上站稳，再用剪刀将覆盖在狗狗脚部周围的毛发剪短。

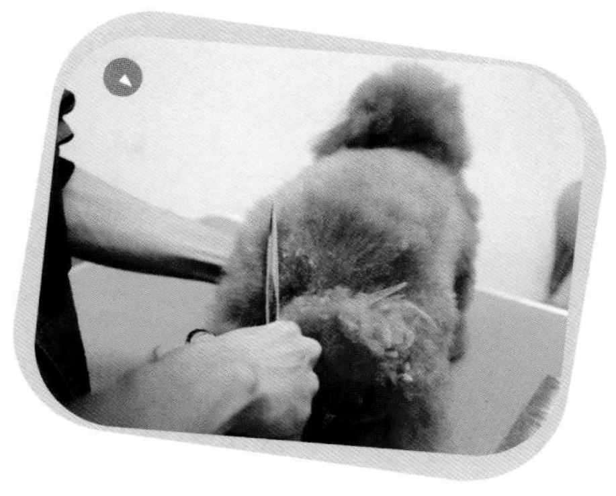

7 站在狗狗身侧，用剪刀从狗狗尾巴根部开始往背部方向进行修剪。

8 剪身体两侧的毛发时，将剪刀以垂直于桌面的方式握在手中竖方向进行修剪。

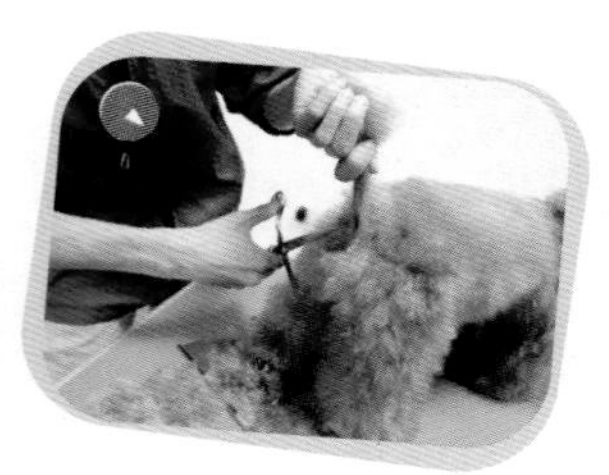

9 将狗狗的尾巴用一只手向上撇起，然后用剪刀将屁股周围的毛发剪短。

10 在剪后腿部位的毛发时，先用一只手将狗狗尾巴拉至另一侧，再将剪刀口朝下竖方向进行修剪。

11 接下来将狗狗的毛发梳理一遍，然后再用剪刀按平行方向再次修剪身体两侧的毛发，包括能目测到下腹部的毛发。

12 一只手将狗狗的头部向上托起，一只手用剪刀将狗狗颈部以及周围的毛发剪短。

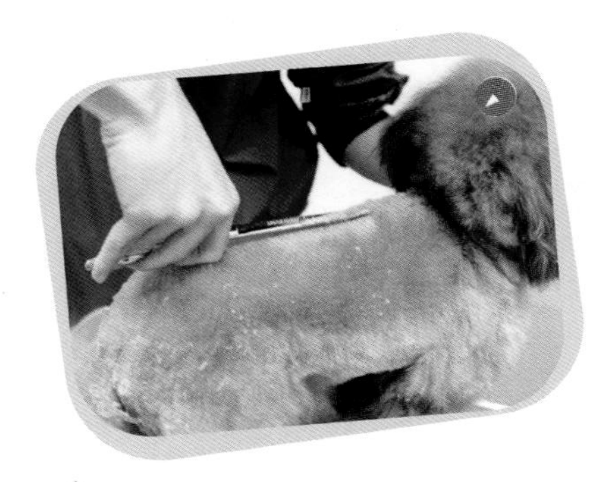

13 再将狗狗全身的毛发重新梳理一遍，然后用剪刀将背部不整齐的毛发修剪平整。

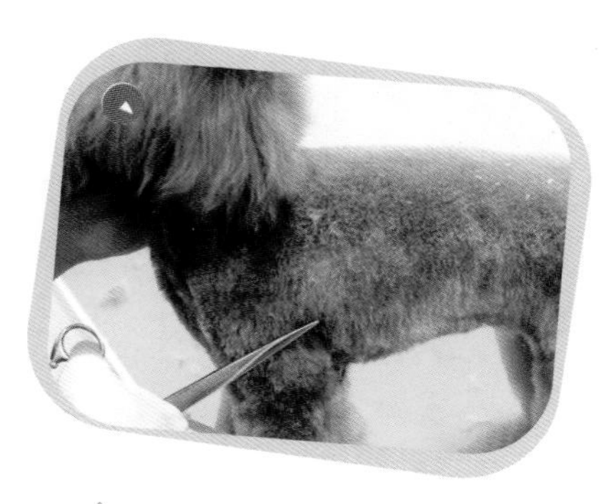

14 修剪前腿毛发的时候，剪刀与桌面垂直进行修剪。

15 在修剪腿部的时候，不要一味地垂直向下把腿部修剪成直筒型，而是要在腿根部进行着重修剪，腿下半部分略微蓬松。

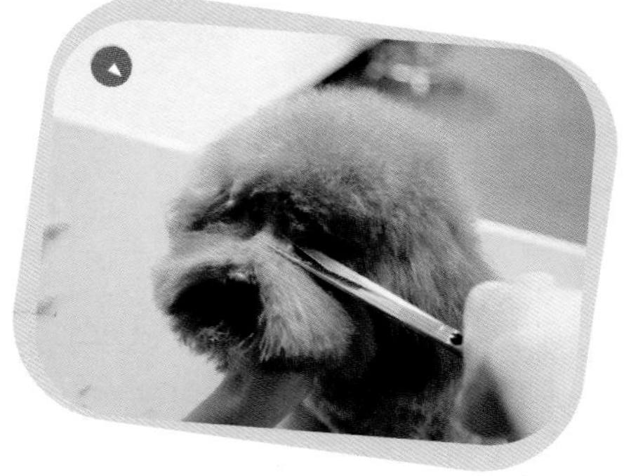

16 一只手托起狗狗下巴，一只手用剪刀将狗狗眼周的杂毛修剪干净。

18 一只手将狗狗耳朵向后掀过去，将剪刀放平，沿着一侧的脸部边缘向耳朵根部剪出平整的弧度。

17 继续向上抬起狗狗下巴，将下巴部位的毛发修剪整齐。

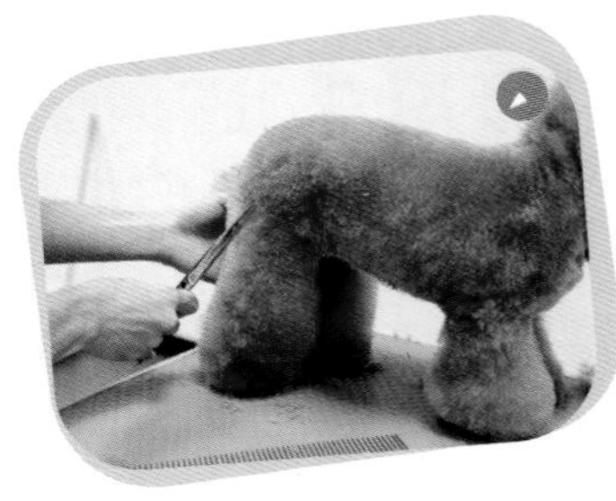

19 剪完头部后将狗狗整体检查一遍，发现有毛发不整齐的部位进行修剪补救。

温馨小叮咛

虽说是给狗狗来个大“减肥”，但是也应以美观为主，千万不要将狗狗的毛发剪得太短，或者剪得坑坑洼洼从而影响美观。

20 如果想要让爱宠的淑女气质发挥得更淋漓尽致，那就将狗狗头顶的毛发用发饰扎起，看，是不是美极了呢？

百变
还不如我型我秀

可卡是广受人们喜爱的伴侣犬之一，但是因为它略显健壮的体格，很多可卡的主人都不知道该如何打扮它才好。其实很多可卡自身所带的花纹本来就很好看，所以大可不必费脑筋想那些花哨的装扮，略微修剪一下，秀出本色美也很不错哦！

创意造型是这样炼成的

1 将狗狗的耳朵拉到前面，然后用电动剃刀将后颈的毛发剃短。

2 站到狗狗前面，一只手向上抬起狗狗下巴，另一只手用电动剃刀将狗狗下巴及以下部位的毛剃短。

3 再将狗狗的耳朵拉到前面，然后用电动剃刀将狗狗背部除了黑色毛块的其他毛发剃短。

4 站到狗狗正面，一只手向上托起狗狗下巴，另一只手用电动剃刀将狗狗脸颊两侧部位的杂毛剃平整。

5 单手固定住狗狗嘴巴，一只手用电动剃刀将狗狗嘴巴附近的毛发剃平整。

6 紧接着一只手向自己身体一侧拉起狗狗耳朵，然后按从上到下的方式将耳朵部位的毛发剃平整。

7 再将耳朵拉向脑后，用电动剃刀将耳朵根部的毛发也剃平整。

8 站到狗狗身后，向上拉起狗狗的尾巴，用电动剃刀将肛门附近的毛发剃平整。

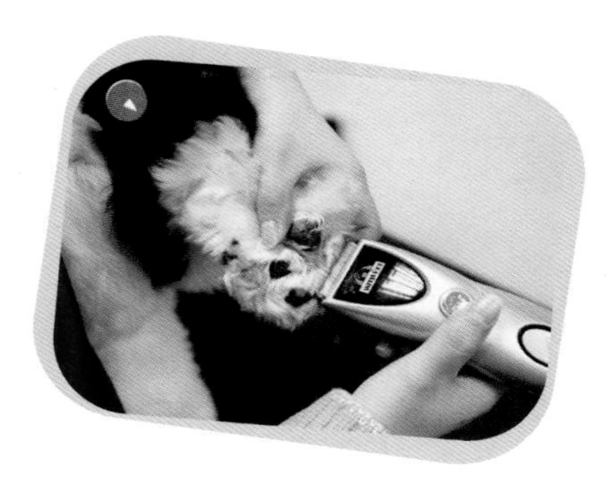

9 向后抬起狗狗的后脚，用之前介绍过的方法剃除脚掌肉垫中的杂毛。

10 站到狗狗前面，用剪刀将狗狗头部杂乱的毛发修剪出平滑的弧度。

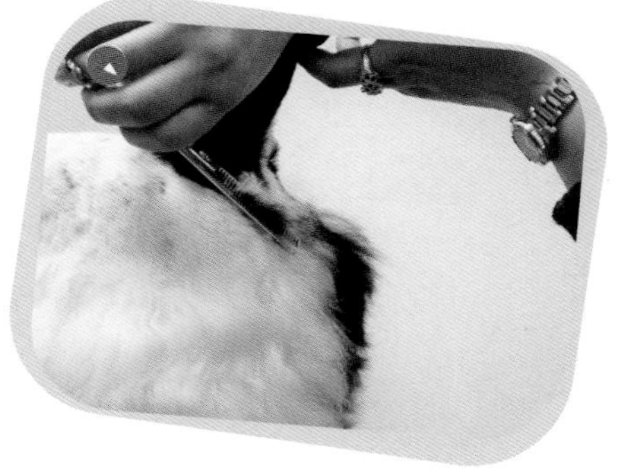

11 绕到狗狗身后，向上掀起尾巴，用剪刀将臀部附近的毛发修剪至平短。

12 再次回到狗狗正面，一只手固定住狗狗头部，一只手用剪刀将覆盖在前脚上的长毛剪短。

13 将狗狗头部向上托起，用剪刀把前胸部位的长毛剪短。

14 最后让狗狗自然站立，耳朵自然下垂，用剪刀将耳梢部位的毛发修剪成自然弧度。

15 经过这样一番修剪，狗狗背部原本不起眼的毛块是不是突然就跟浮雕一样漂亮啦？

温馨小叮咛

这款造型的关键在于通过剃短背部的毛发，将狗狗背部的黑色毛块凸显了出来。所以在剃的过程中一定要仔细，千万不要把黑色的毛块也剃掉了哦！

彩色时代，染染惹人爱

比熊犬因一身雪白的毛发而被喻为“滚动的雪球”，并让人喜爱不已。但是如果你已经看腻了爱宠一成不变的白毛，那就把宝贝的身体当做白纸，用安全的宠物染剂尽情挥洒你的想象力吧。美美的颜色，连宝贝自己都很喜欢呢！

创意造型是这样炼成的

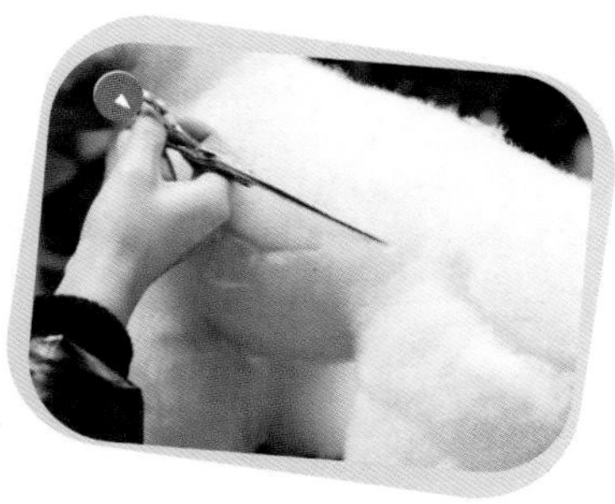

1 先用剪刀在狗狗身体两侧预留出想要染色部位的毛发。

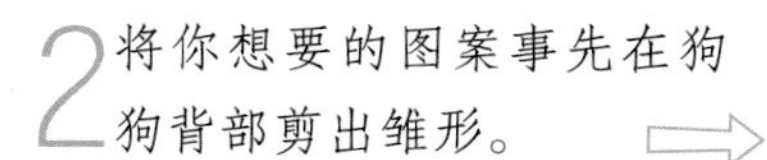

2 将你想要的图案事先在狗狗背部剪出雏形。

3 用蘸了温水的刷子将已剪好的图案附近的毛发打湿，以免染错。

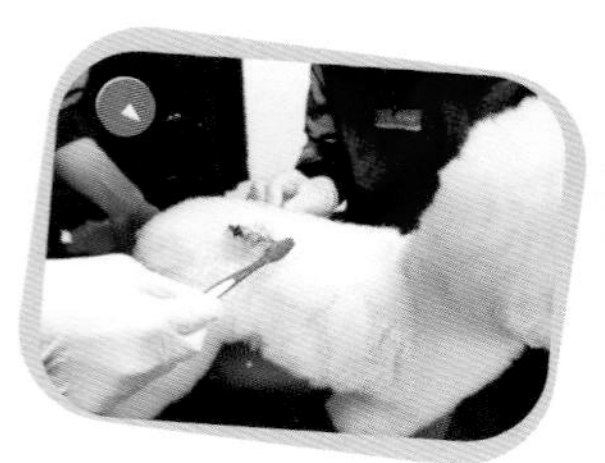

4 将颜料挤在牙刷上，轻轻刷在图案上。如果图案比较大，就需要多找几个人帮忙一起刷。刷好后等它自然晾干。

5 刷好背部图案后，用锡箔纸将四肢除了要染毛的部位都包裹起来。尾巴也需要包裹，以免摇动时沾到颜料。

6 继续将四肢未被包裹的部位刷上颜料，一定要均匀。

7 用吹风机将四肢部位染好的毛发吹至半干。

8 将背部染了色的毛发用梳子统一向上梳起，再用吹风机吹至半干。

9 让狗狗保持站立姿势等待颜色完全晾干。

10 毛发晾干后，用剪刀将背部图案周围的毛发剪短，以突出染好的图形。

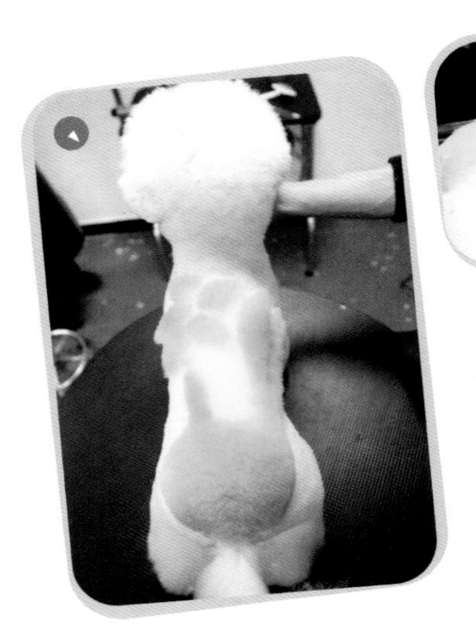

11 虽然工程浩大，但是完成后的效果还是很不错的哦！

温馨小叮咛

特别需要强调的是，给狗狗染毛一定要用专用的宠物染剂，人用的染发剂或者画画用的颜料千万不能拿来给狗狗染毛，如果导致狗狗过敏后果将不堪设想。此外，染毛次数不能太频繁，即使是宠物专用染剂，长期使用也会对狗狗毛发造成伤害。

背着一颗桃心，我就化身成了天使

深棕色的贵宾犬虽然可爱指数也不低，但是和浅咖色的贵宾犬比起来总是显得多了一丝严肃，而且因为毛色太深，狗狗可爱的眼神也很难被人发现。养了深棕色贵宾犬的主人大都为狗狗的造型问题忧虑不已。既然因为毛色原因而无法在脸部大做文章，那就在狗狗背部多花些心思，比如剪个大大的爱心，狗狗是不是立刻就能透出一股小天使的气质了呢？

创意造型是这样炼成的

1 一只手握住狗狗嘴巴部位将头部向上抬起，露出脖颈，然后用电动剃刀将脖颈处的毛发剃干净，注意剃出来的效果是V领形才好看。

2 一只手轻轻捏住狗狗嘴巴下部，用电动剃刀将狗狗脸部的毛发剃除干净。

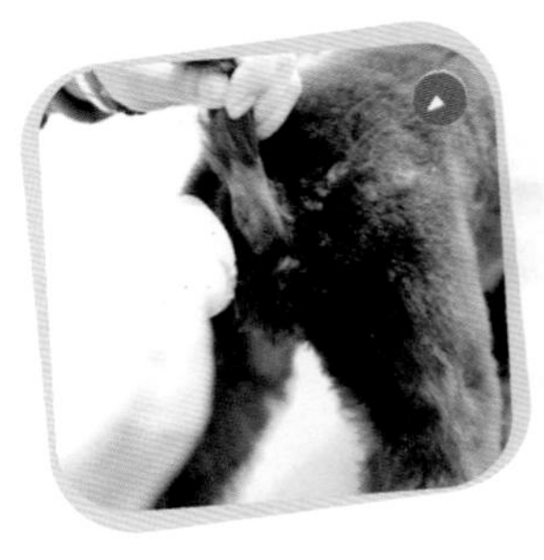

3 站在狗狗身后，将尾巴向上提起，用电动剃刀将尾巴根部至尾巴中间的毛发剃干净。

4 将狗狗的一条后腿向上抬起，用剃刀将下腹部的毛发剃干净。

5 站在狗狗一侧，将背部的毛发向上梳散。

6 一只手托住狗狗头部，一只手用剪刀按平行方向修剪背部毛发。

7 将狗狗的尾巴拉至一边，剪刀朝下修剪臀部的毛发。

8 剪刀持平从狗狗身后修剪身体两侧的毛发。

9 绕到狗狗正前方，一只手固定住狗狗头部，一只手用剪刀修剪眼睛上方的毛发。

10 继续保持上一步的姿势固定狗狗，用剪刀在狗狗耳根处修剪出划分区域。

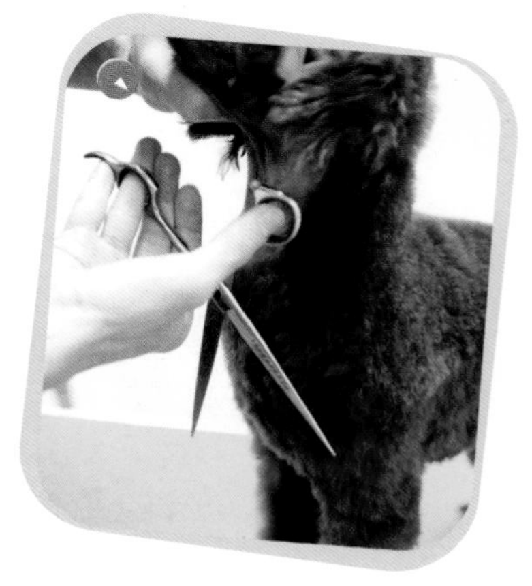

11 用手将狗狗头部尽量向上抬高，剪刀朝下修剪前胸部位的毛发。

13 下面就正式开始在背部剪出大桃心啦！剪出桃心雏形后一定要把周围的毛发剪短哦，这样才能凸显出剪好的造型。

12 还是固定住狗狗头部，然后用剪刀修剪四肢的毛发。

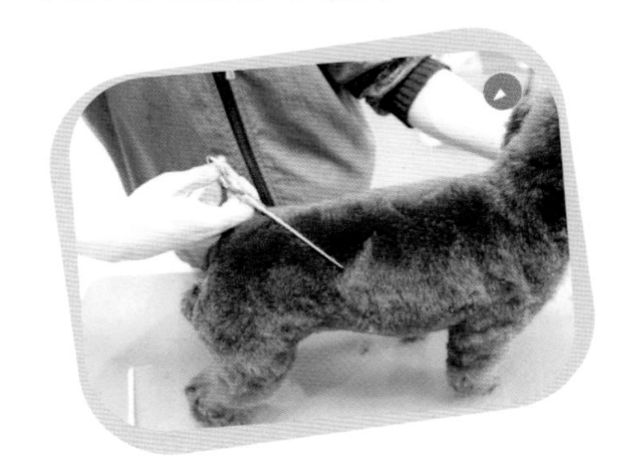

14 如果觉得造型还是略显单调的话，那就在狗狗耳朵上用发饰装饰一下。

温馨小叮咛

如果狗狗之前已经将毛剪得很短了，那这款造型是几乎看不出任何效果的，所以只适合背部毛发稍长的狗狗哦！

15 光是看这小家伙的背影，就萌到不行啦！

圆润的身材，是博美最甜蜜的“负担”

还记得网上广受关注的俊介吗？它黑溜溜的眼睛和胖乎乎的身体萌倒了一片网友，也让很多以前对博美犬不怎么感冒的人变得对它情有独钟了。如果你家也有一只可爱的博美小宠，想不想让它赶超俊介呢？

创意造型是这样炼成的

1 站在狗狗身后，将尾巴向上掀起，用剪刀将臀部的毛发修剪至圆润。

2 一只手固定住狗狗，另一只手用剪刀将狗狗身体两侧的毛发修剪至圆润。

3 站在狗狗正前方，一只手捏住狗狗嘴巴，另一只手用剪刀将前胸和脖子两侧的毛发修剪至圆润。

4 一个人站在狗狗前面固定住头部，另一个人从后面用剪刀将其背部毛发修剪至圆润。

5 保持上一步姿势，将狗狗尾巴下压，剪刀口朝上修剪靠近尾巴根部的毛发。

6 向上掀起狗狗尾巴，用剪刀将臀部附近的毛发修剪至圆润。

8 修剪后的博美是不是比之前看起来肥了一圈？这样肥嘟嘟的模样真是让人百看不厌呢！

7 一只手固定住狗狗嘴巴，另一只手用剪刀小心地修剪狗狗脸部杂乱的毛发，注意嘴巴附近也要修剪圆润哦！使整个头部看起来都圆圆的。

温馨小叮咛

这款造型的特点是整体毛发松散膨胀，所以在进行造型前一定要给狗狗洗澡，干干净净的毛发做出的造型效果才最好哦！

小辫子
引领西施俏皮风

西施犬因为毛发过长而总是显得一副落魄的样子，如果能为它简单地绑一根小辫子，既不用剪毛，还能一改披头散发的形象，在夏天的时候狗狗也不会因毛发覆盖而燥热不安，真可谓一举三得。

创意造型是这样炼成的

1 先将狗狗全身的毛发梳散，再用分线梳从额头部位开始将要扎起来的毛发从发根梳成一股。

2 用橡皮筋将梳好的那股毛发扎起来。

3 用分线梳以脊柱为中线把身体上的毛发分在两边，分线时可用手直接摸脊柱的位置，分线到尾巴为止。

4 将分好的毛发梳散后，开始动手将之前扎好的毛发编成一根辫子，在结尾处同样扎上一根橡皮筋固定。

5 如果觉得这样略显单调，可以用发饰在头发根部作为装饰。天哪，这只西施犬跟造型前比起来简直像换了一只狗一样，看来一款好的发型对狗狗来说也是相当重要的！

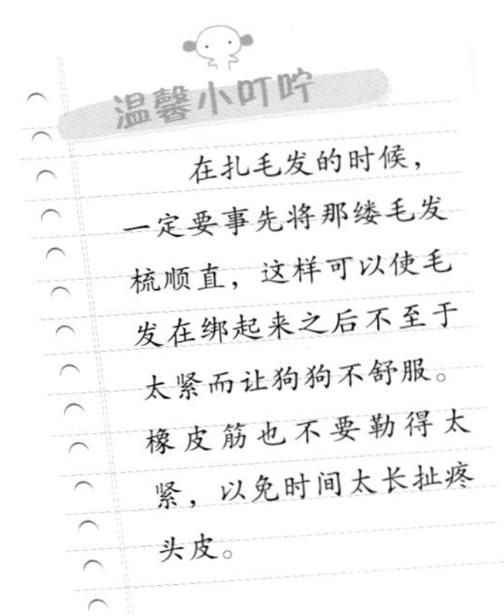

温馨小叮咛

在扎毛发的时候，一定要事先将那绺毛发梳顺直，这样可以使毛发在绑起来之后不至于太紧而让狗狗不舒服。橡皮筋也不要勒得太紧，以免时间太长扯疼头皮。

马尔济斯逆袭，将白雪公主风格进行到底

因为一身洁白无瑕的飘逸长毛，近几年来马尔济斯犬越来越受到大家的欢迎。虽说天生丽质，但是它同样需要主人的精心打理才能时时都楚楚动人。千万不要让宝贝因为你的懒惰而沦为平凡的狗狗哦！

创意造型是这样炼成的

1 先按照之前介绍过的方法将狗狗头部的毛发扎起来。

2 站在狗狗身后一只手握住尾巴，一只手用剪刀修剪背部的毛发。

3 保持站姿不变，将尾巴向上掀起，剪刀口竖直朝下修剪臀部的毛发。

4 保持站姿不变，一只手固定住狗狗头部，另一只手用剪刀按平行向前的方向修剪身体两侧的毛发。

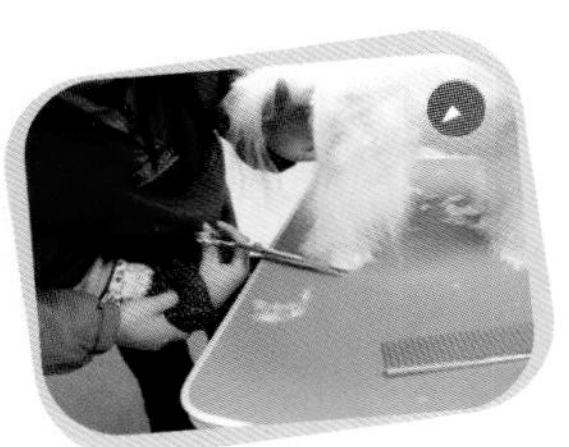

5 将尾巴稍稍向上掀起，用剪刀将狗狗后脚部位的毛发稍作修剪。

6 绕到前面，一只手固定住狗狗头部，用剪刀将前脚部位的毛发稍作修剪。

7 站在狗狗正面，一只手将狗狗头部尽量向上抬，然后剪刀口竖直朝上修剪前胸部位的毛发。

8 一只手托起狗狗头部，用剪刀将嘴巴周围的毛发修剪至圆润。

9 一只手固定住狗狗嘴巴，然后用剪刀将头顶至脖颈部位的毛发修剪至圆润。

10 粉色系的项链和发饰将一身雪白的马尔济斯犬映衬得如同公主般贵气，主人们，今天你的宝贝尝试白雪公主风了吗？

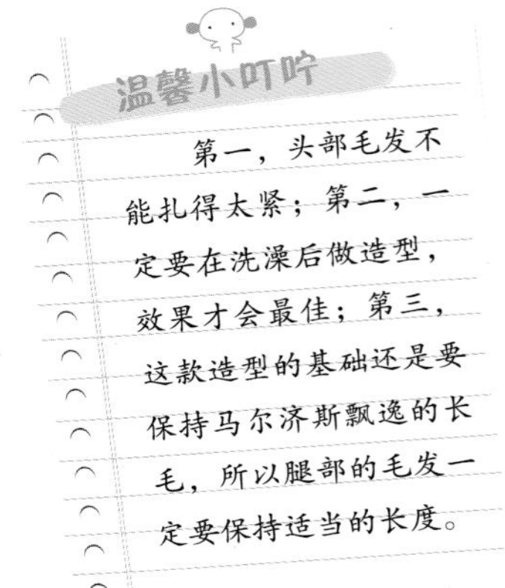

LESSON SIX

第六章

巧手做宠饰，为爱宠锦上添花

我知道自己
现在帅疯了

文雅味十足，戴蝴蝶领结的小绅士

是不是觉得自己的爱宠除可爱之外还少了些别的味道？难道自己的宝贝就那么平庸吗？虽然男狗狗不像女狗狗那样可以打扮得花枝招展地和主人去逛街，但是它也有一颗扮靓爱美的心哦！也许只是一个小小的饰品就能让你和你的男狗狗都开心不已呢！

适合宠类

本样式较适合男宝宝穿戴，不分小猫小狗哦！本来吊儿郎当的宝贝一戴上领结是不是立马绅士了起来？那高贵的小样儿简直像是真的有皇室血统！

靓饰材料包

材料：布料、装饰水钻贴片（可缝）、打结线、针线

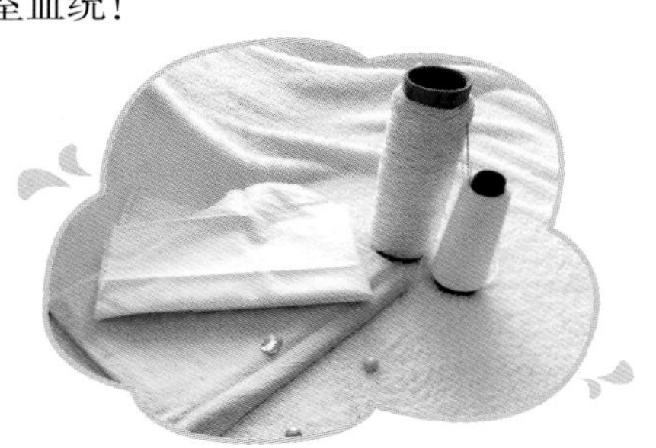

1 根据想要制做的领结的大小剪裁布料，长宽为领结大小的2倍。

2 将布料对折，然后将相对的长边缝合在一起。

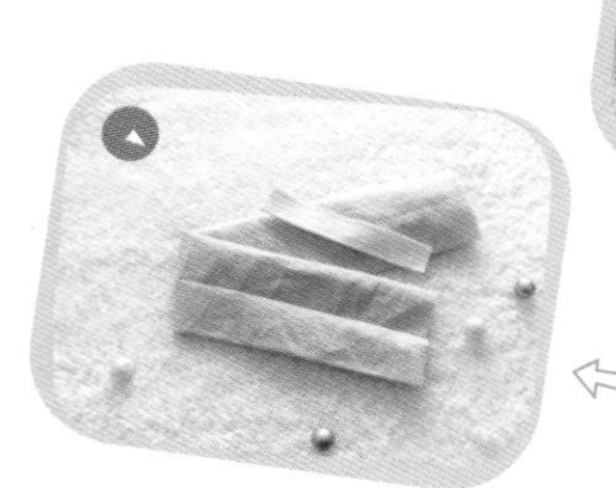

3 将缝合好的布料翻转过来。

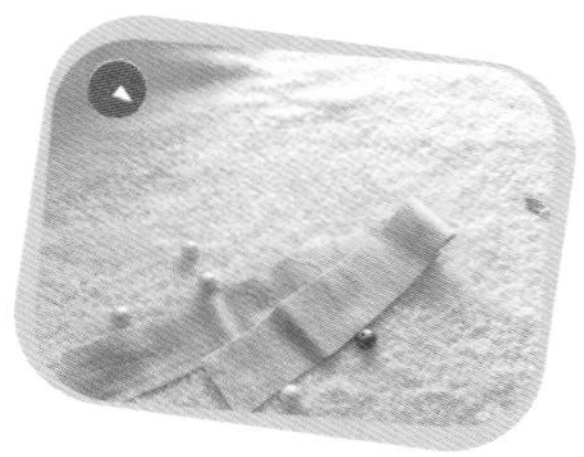

4 根据狗狗的颈围剪裁领结系带，长度要比狗狗的颈围长一些。

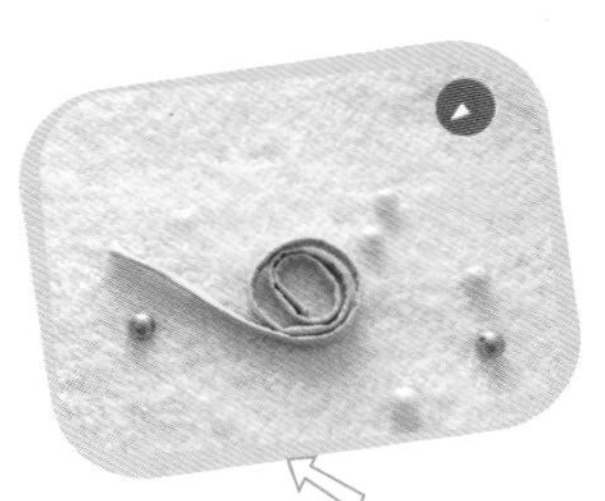

5 按照先对折再沿边缝制的方法缝制领结系带条。

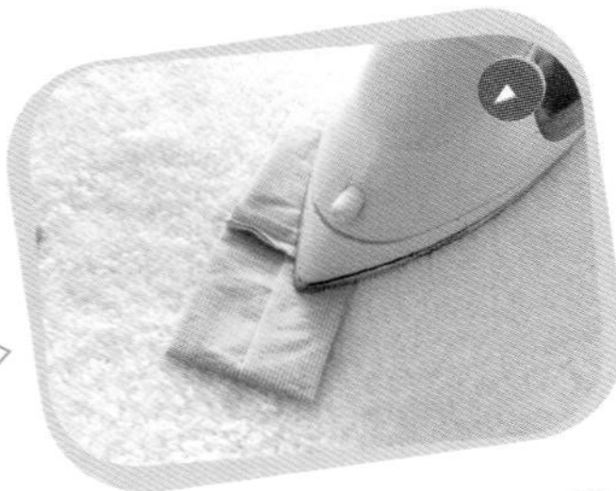

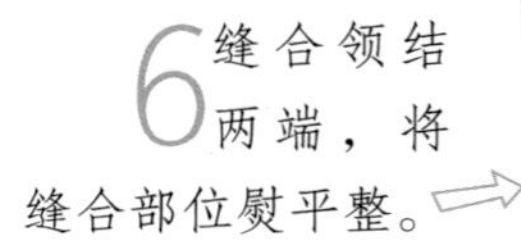

6 缝合领结两端，将缝合部位熨平整。

7 将领结雏形翻转至正面。

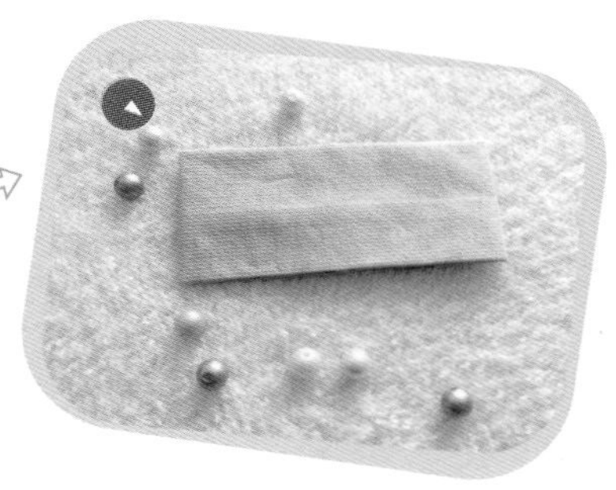

8 用手捏好领结的形状。

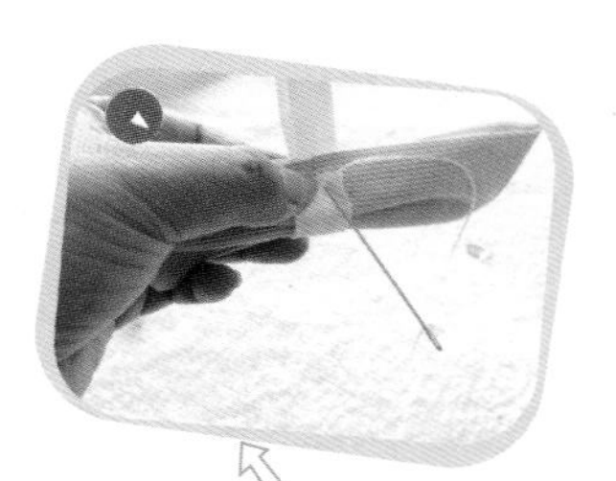

9 将中间的布条缝在领结上。

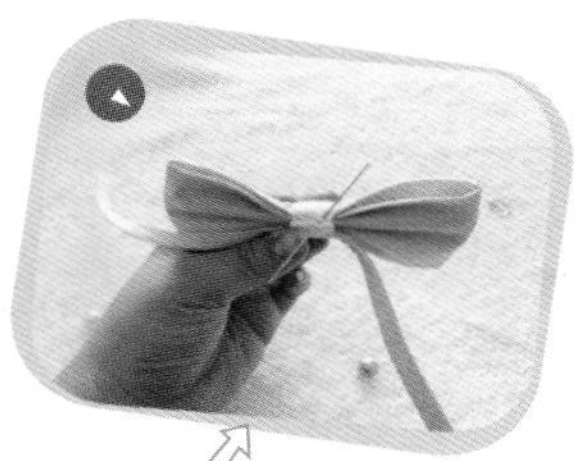

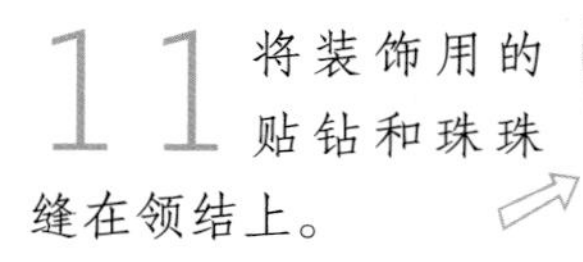

11 将装饰用的贴钻和珠珠缝在领结上。

10 将领结系带缝在领结上。

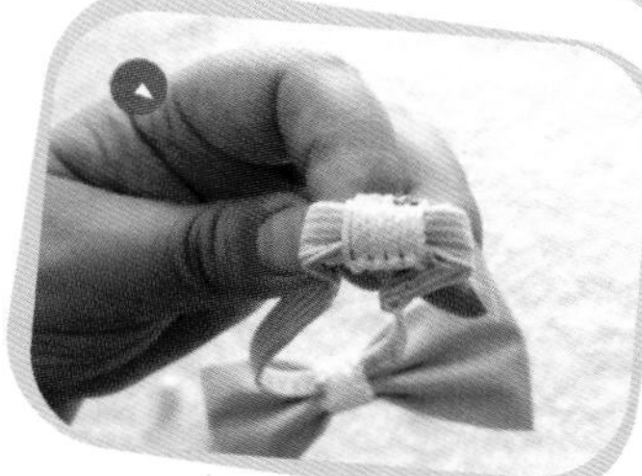

12 在系带上打个结，方便系带来回抽动，也可用挂钩等。

13 看吧，一个漂亮的领结就这样完成啦！

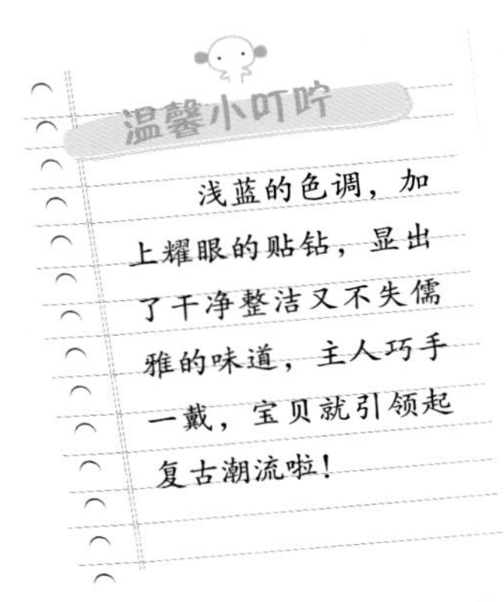

温馨小叮咛

浅蓝的色调，加上耀眼的贴钻，显出了干净整洁又不失儒雅的味道，主人巧手一戴，宝贝就引领起复古潮流啦！

戴起口水巾，干净卫生人人夸

还记得小时候爸爸妈妈总是给我们的脖子上围一块手帕擦口水吗？狗狗也像小孩子一样，经常容易流口水，总是弄得脖子上的毛发湿湿黏黏的，既不卫生也影响美观。所以快给宝贝也做一块口水巾吧，既避免了口水问题，还可以当做另类的装饰品呢！

适合宠类

口水巾适合所有爱流口水的狗狗，尤其是沙皮狗，可以有效隔绝口水对狗狗毛发的污染。主人从此再也不用嫌弃狗宝宝啦！

靓饰材料包

材料：棉布、蕾丝花边、螺纹带、装饰丝带花、别针。

靓饰DIY

1 首先根据自家宝宝的颈围，将棉布剪成两片半圆形的布片。

3 将蕾丝花边按边缝边打褶皱的方式缝在一片半圆形布片的正面，如果想要口水巾稍硬挺一些，可以用无纺布来垫底。

2 用剩下的棉布再剪出一条长度适中的系带。

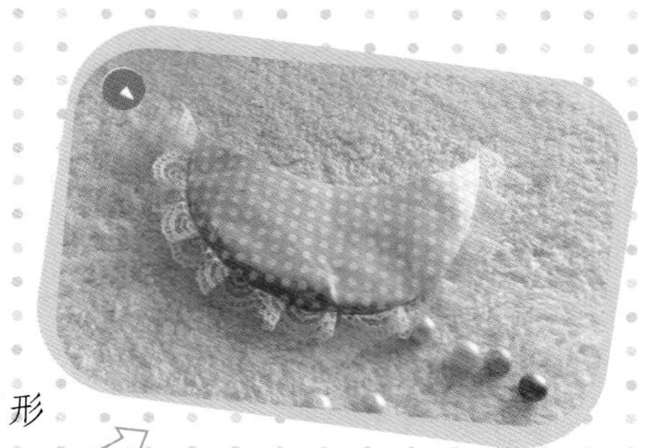

4 将剩下的另一片半圆形布片和已经缝上了蕾丝花边的那片布片缝合在一起。

5 把用来做系带的布条对折后缝在口水巾的边沿。

6 将准备好的螺纹带对折，再将装饰丝带花用胶水粘在螺纹带上。最后将整个花粘在别针上。

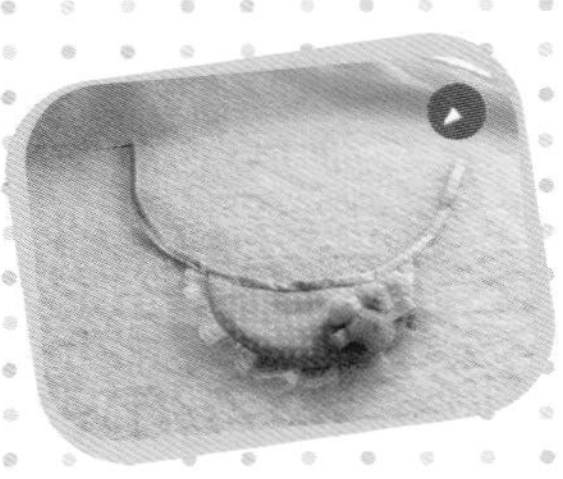

7 粘好的花朵别针现在可以别在做好的口水巾上啦！如果没有别针也可以直接缝在口水巾上。

8 没想到吧？连口水巾也可以这么漂亮呢！

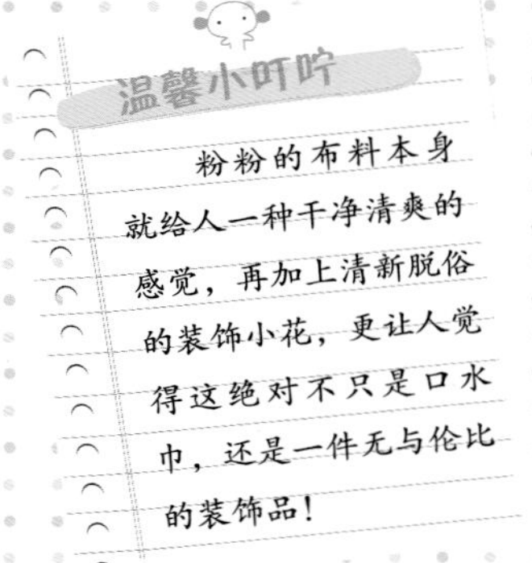

温馨小叮咛

粉粉的布料本身就给人一种干净清爽的感觉，再加上清新脱俗的装饰小花，更让人觉得这绝对不只是口水巾，还是一件无与伦比的装饰品！

冬天到了，天气凉啦！主人们早早就用温暖的大围巾把自己包裹起来。可是狗狗还光着身子在早晨凛冽的寒风中跟着你跑步呢！虽然动物本身有着厚厚的毛发可以阻挡风寒，但是为它采取额外的保暖措施还是有必要的，想象一下狗狗戴着你亲手制作的围巾上街是件多么拉风的事啊！

适合宠类

这类围巾适合体型较大的狗狗佩戴，英俊的狗狗搭配潮范十足的围巾，简直是绝配！

靓饰材料包

材料：长毛绒布料、棉布、装饰用毛绒布料、布钻贴片、丝带、针线

靓饰DIY

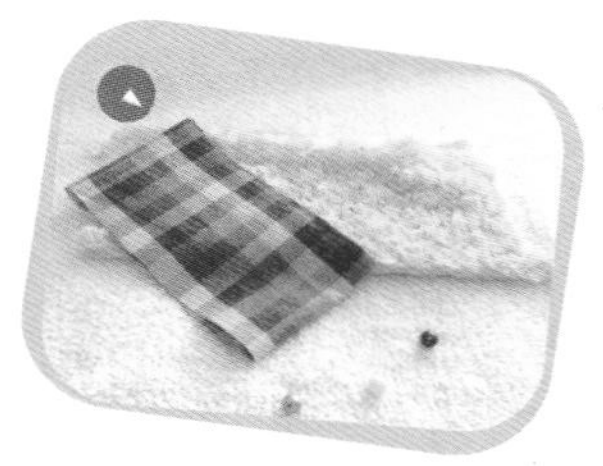

1 先根据自家爱宠的颈围裁剪长毛绒布料和作为里子的棉布，注意两者必须一样长。

2 将裁剪好的长毛绒布料和作为里子的棉布正面相对缝合在一起，留下一头先不要缝。

3 从预留的口子那把整条缝好的围巾翻个面，让线头藏在里面。

4 用针线将预留的口子也缝合起来，注意把毛边收起来。

5 将缝合好的一头向内折，如图所示用针线缝在里子上，注意只缝一侧，上下两面不缝。留出一个可以穿进围巾另一头的口子。

6 拿出一张纸，在上面画出兔子的头和耳朵的图样，然后剪下。

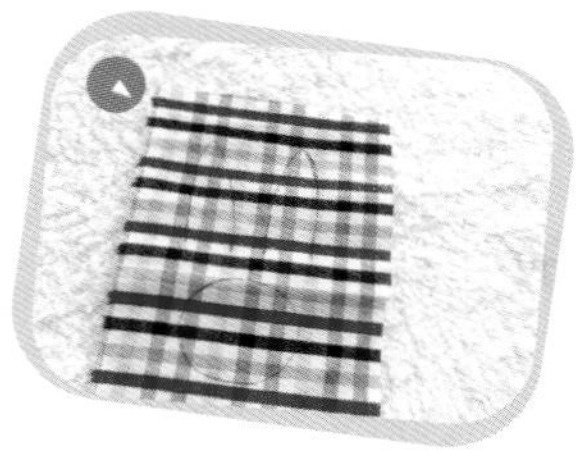

7 在布料上按照剪好的图样画出兔子。

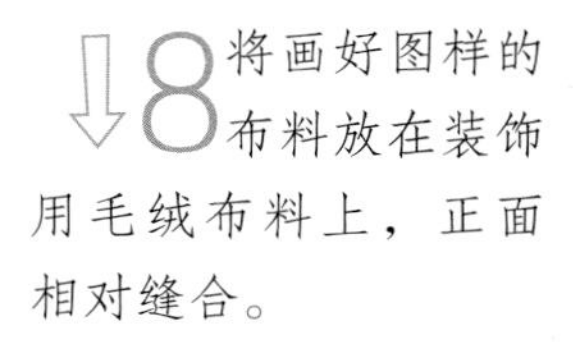

8 将画好图样的布料放在装饰用毛绒布料上，正面相对缝合。

9 用剪刀将剪好的兔子头部的反面剪一个口，并从这个口将兔子头部翻过来。耳朵也从下面的口子翻转过来，再用线将缺口缝好。

10 将兔子头部和耳朵缝在一起，并固定在围巾打折的一侧。

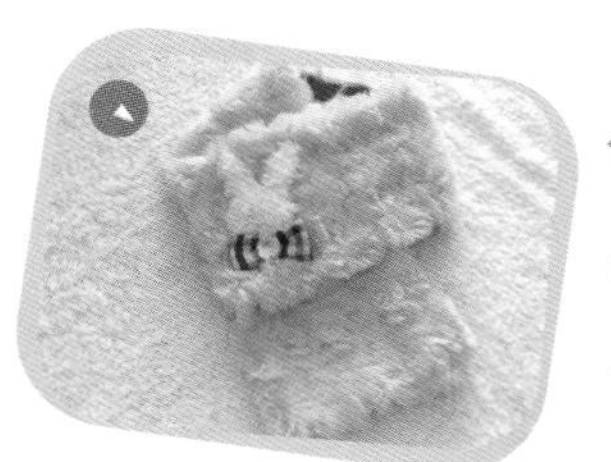

12 毛茸茸的围巾做好啦，快让宝贝戴着跟你上街秀一把吧！

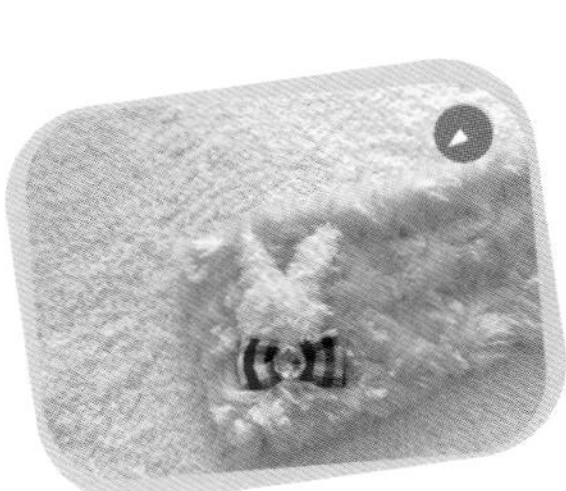

11 用丝带和布料做成一个小蝴蝶结，缝在兔子下方，并用贴钻做点缀。

温暖小叮咛

暖黄色+毛绒绒的质感，光是看着就已经很暖和了不是吗？鲜明的颜色不但不扎眼，反而很好地衬托出了狗狗的气质，让宝贝在人群里脱颖而出。

粉嫩系项圈，是公主就该这个范儿

有的母狗狗会在主人的万般宠爱下摆出各种撒娇、娇媚的样子，甚至偶尔还会耍耍小性子，就跟人们常说的有着“公主病”的小女生一样。为了满足小家伙的公主心理，就该为它量身打造一款公主范儿十足的饰品哦！

适合宠类

粉嫩系的项圈非常适合女狗狗佩戴哦，以粉色为主打，华丽又不至落入俗套，是爱美的女狗狗扮靓的必备良品！

靓饰材料包

材料：螺纹带、棉布、蕾丝花边、丝带花、中硬网纱、魔术贴、针线

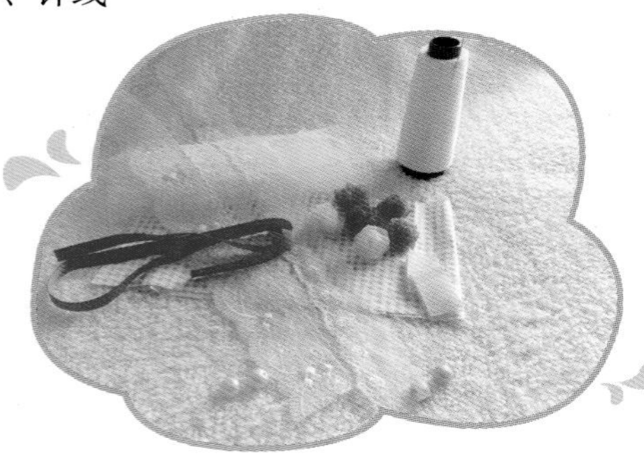

靓饰DIY

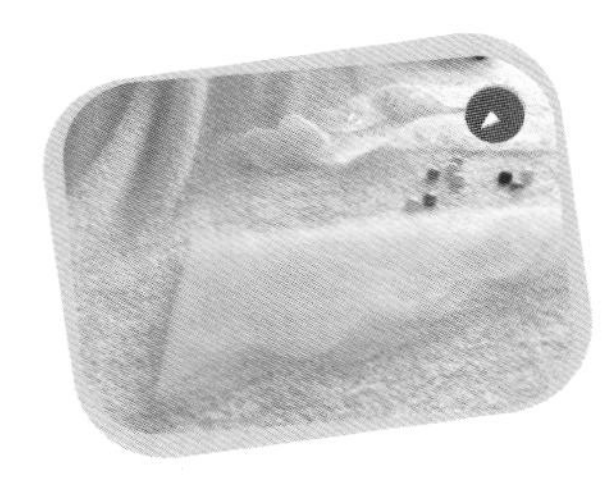

1 将网纱裁剪成3～4层的样子，并将每层底边剪成波浪形。

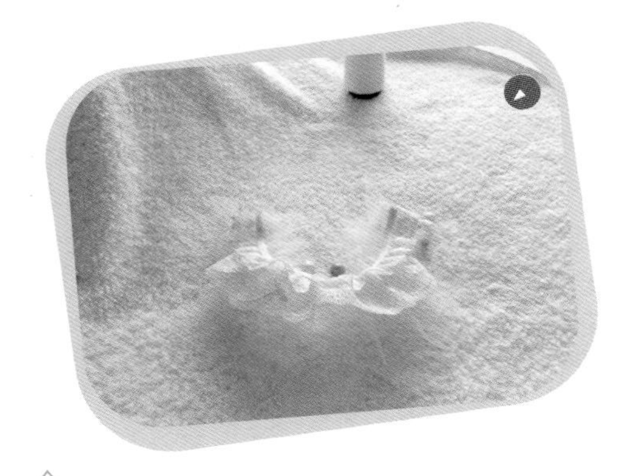

3 将蕾丝花边和网纱重叠后用边缝边打折的方式缝在一起，为了美观起见可以借助松紧带将褶皱打得更均匀。

2 将网纱以打折的方式缝合在一起。

4 根据自家狗狗的颈围剪出两块布条，宽度稍作区别，并用熨斗分别将布的边沿向里折。

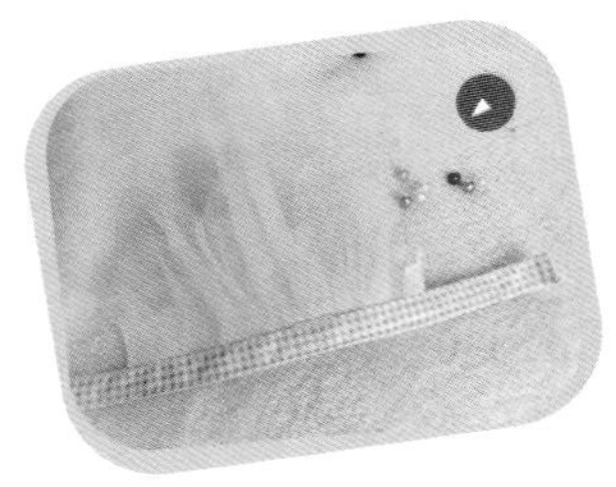

5 将缝合在一起的花边和网纱再次与布条缝合，注意布条毛边相对。

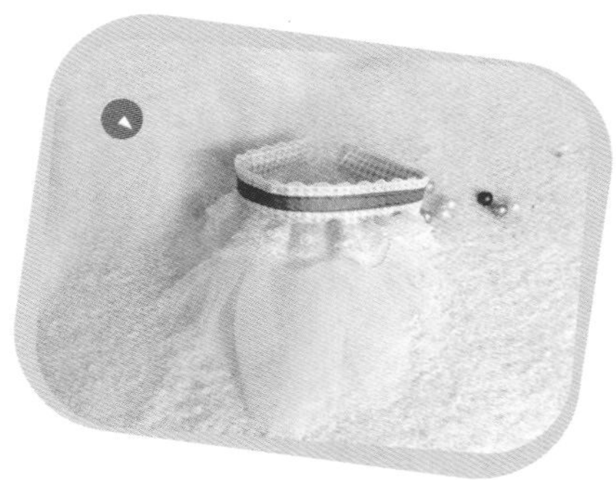

6 用剩下的蕾丝花边和螺纹带来装饰项圈的正面。

9 哇！宝贝一看到做好的项圈眼睛都直了，漂亮吧！

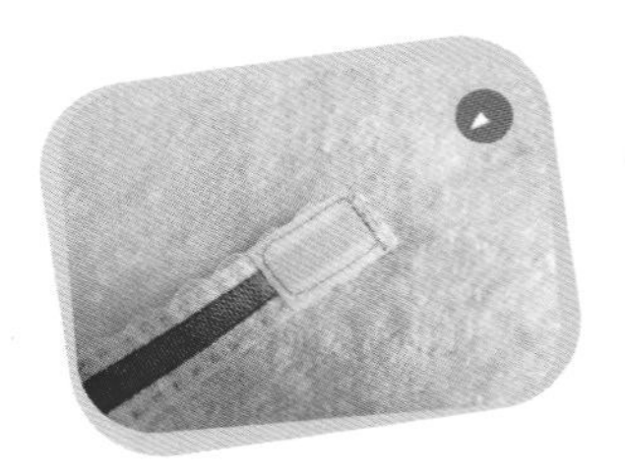

7 然后在项圈的两端分别缝上大小适中的魔术贴。

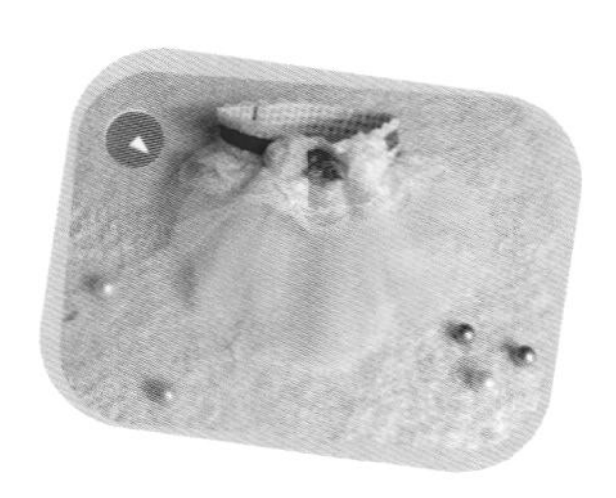

8 用丝带花来完成项圈的最后一番装饰。

温馨小叮咛

粉色很早就被认定成公主色，这样清丽出众的颜色加上完美的点缀，隐隐透露出一股高贵典雅的气息，这样的项圈，你家宝贝值得拥有！

粉领结来啦，千娇百媚说的就是我

一说起领结我们就不由自主地把它和所有雄性动物结合在一起，这也难怪，在人类发展史中领结似乎已经成了绅士的代名词。但是今天我们就要打破这一常规，给女狗狗也制作一款好看的领结，虽说没了文雅的感觉，但是颠覆性的颜色和搭配让领结在女狗狗身上也散发出了别样的光彩。

适合宠类

这款领结是专为母狗狗设计的，粉红的颜色和别样的点缀让主人和小宠都爱不释手。

靓饰材料包

材料：布料、棉质花边、丝带花、打结线、针线

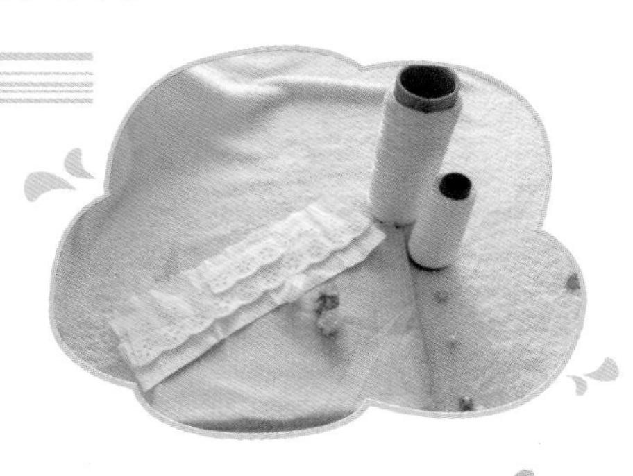

靓饰DIY

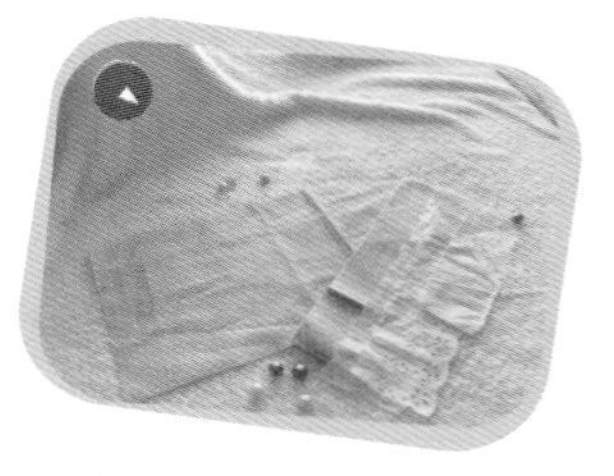

1 根据想要制做的领结的大小剪裁布料，长宽为成品领结大小的2倍。剪裁两块等长的宽花边以及两块小花边。

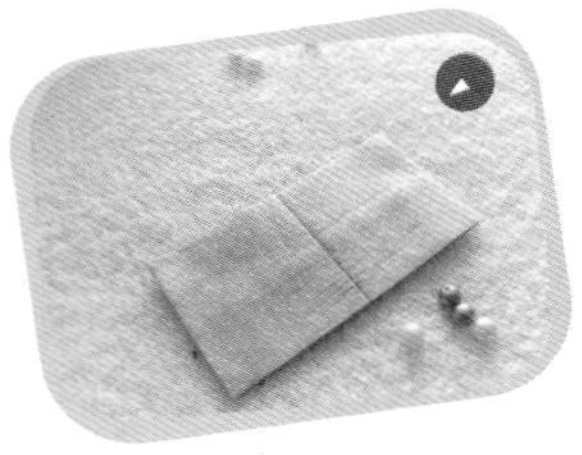

2 将布料的长边缝合，翻转缝好的布料。

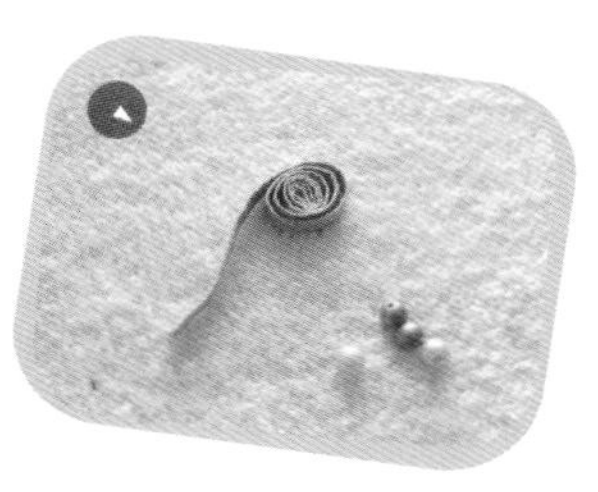

3 根据狗狗的颈围剪裁领结系带，长度要比狗狗的颈围长一些，缝制领结系带条。

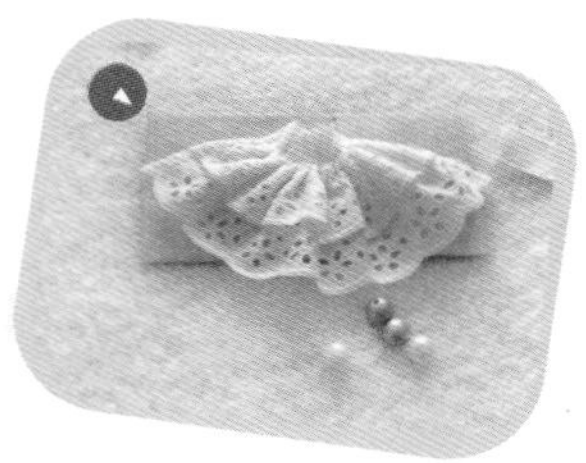

5 将两块等长的宽花边按一高一低的方式重叠，再打褶。

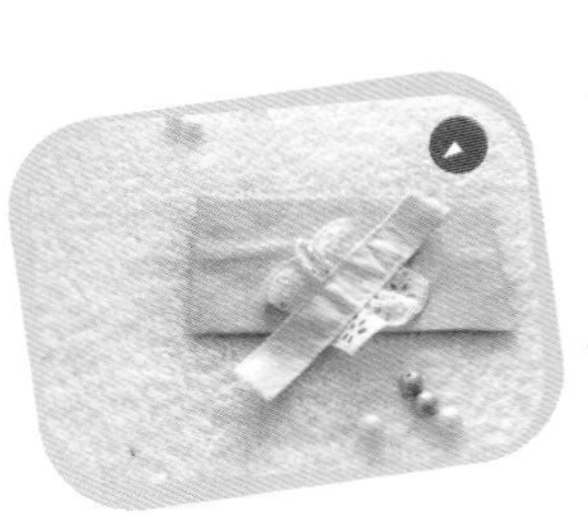

4 缝制领结中间部分，将两块小花边缝在两边。

6 折好领结，用打结线系住中间，以做固定。

7 将领结中间部分缝在领结底部。

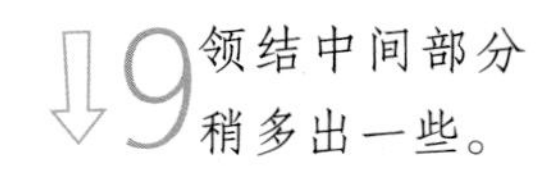

9 领结中间部分稍多出一些。

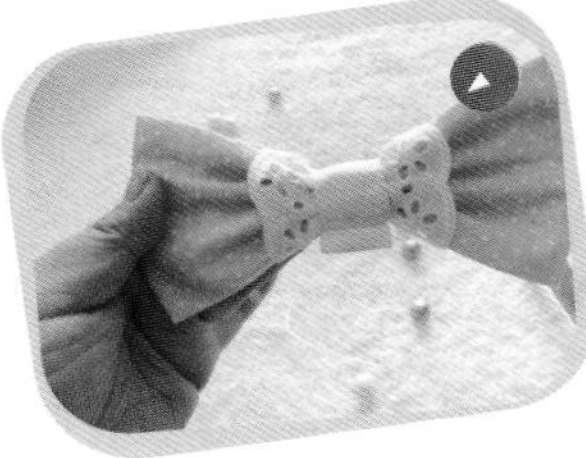

8 整理领结，固定好领结与中间的花边。

10 将打好褶的花边缝在多出的中间部分。

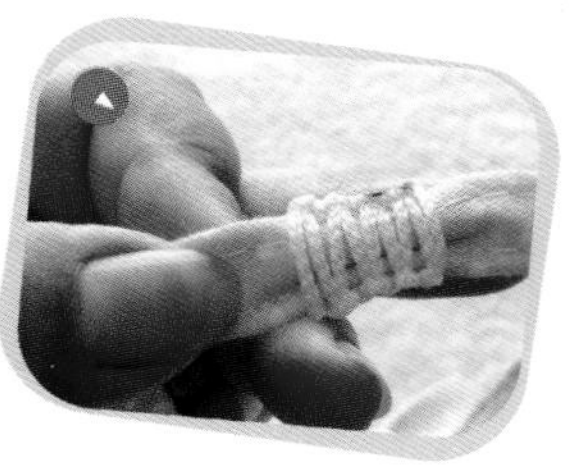

12 将系带打结，方便它来回抽动，也可将挂钩缝在上面。

11 用丝带花装饰花边与领结的缝合处。

13 做好后，是不是已经迫不及待想戴在宝贝身上看看效果啦？

温馨小叮咛

脱离了以往领结暗沉颜色的单调感，转而用靓丽的粉色为领结改头换面，戴在狗狗身上后，瞬间使小家伙看起来娇媚了不少。

气质三角巾，英雄式魅力无人可挡

电影里总有那么几个英雄人物面戴红色的三角巾出来扮演拯救世界的角色。看完后是不是心里痒痒，想把家里的狗狗也打造成那种英姿飒爽的模样？那就动手做一块英雄三角巾吧！虽说不可能直接戴在狗狗脸上，但是挂在脖子上也丝毫不输气势呢！

适合宠类

这款三角巾比较适合体型较大且长相威严的狗狗佩戴，鲜艳的红色更能增添一分斗牛士般的勇猛气质。

靓饰材料包

材料：棉布、树脂装饰卡通别针

靓饰DIY

1 把布料剪成三角形，将其中一边裁剪成弧度，共四片。

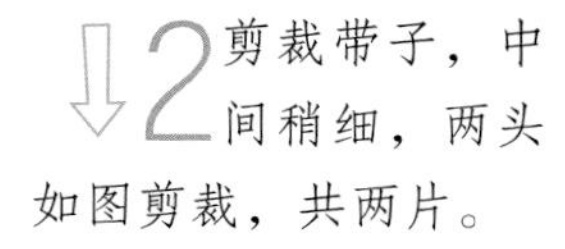

2 剪裁带子，中间稍细，两头如图剪裁，共两片。

3 三角面料分别正面相对，缝合，翻转，整理，如图排列，固定。

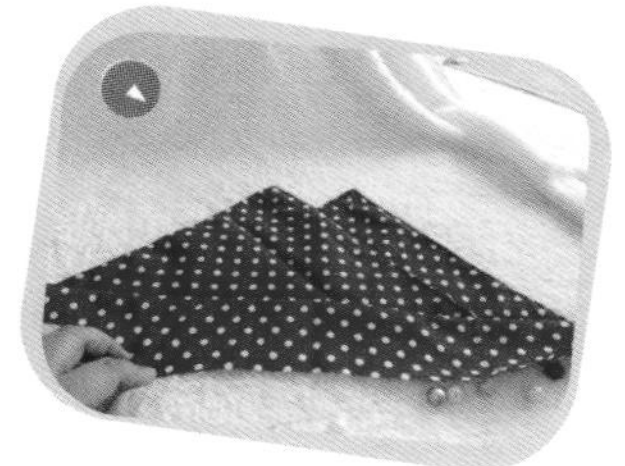

4 先将一片带子缝在固定在一起的三角面料上，注意对齐中心。

5 缝合另一片带子，别上装饰别针。

6 看吧，一个小小英雄就此诞生啦！

串珠项链，我的美丽点睛之笔

每个女主人都少不了有那么几串钟爱的项链，有没有想过给自家宝贝狗狗也量身打造一款彰显气质的项链呢？不需要昂贵的珠宝钻石，只要随处可买到的小串珠就可以啦！虽然简单，但是好看依旧，狗狗也能从中感受到主人浓浓的爱意。

适合宠类

适合所有爱美的狗狗佩戴哦，只是在串项链的时候长度要根据自家狗狗的体型和颈围设计。

靓饰材料包

材料：树脂果冻珠、缎带、花边、装饰水钻贴、水晶鱼线、龙虾扣、延长链、单环、定位珠、底座、工具钳

靓饰DIY

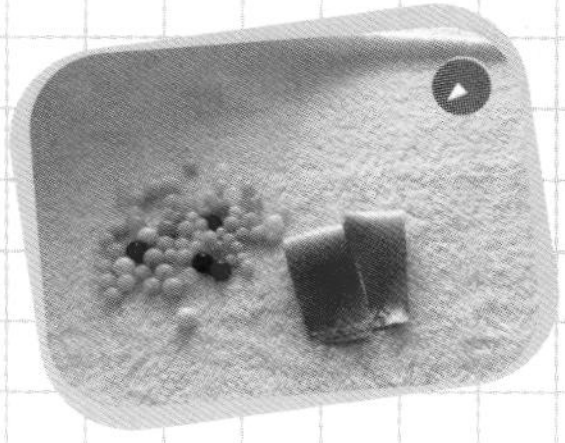

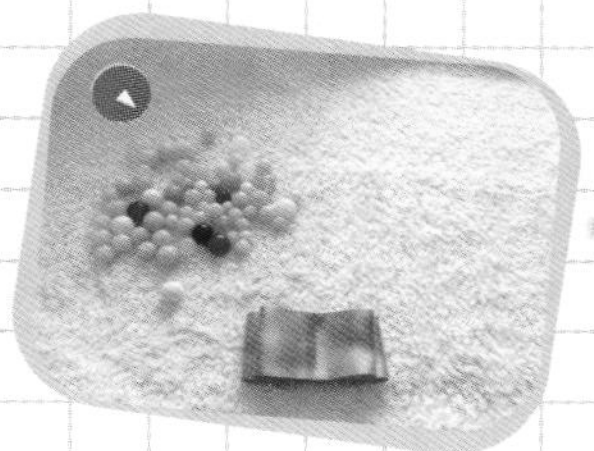

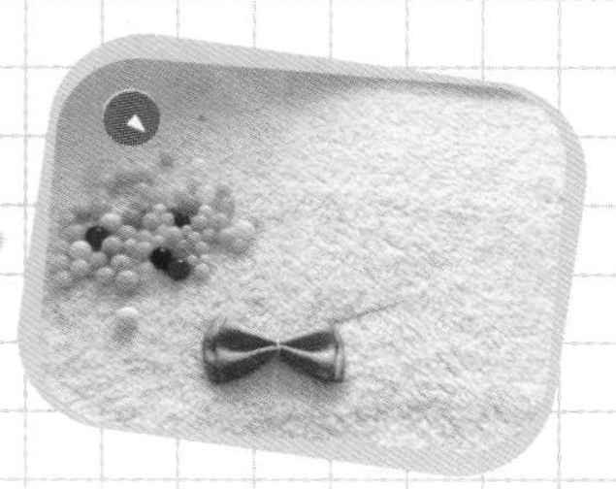

1 剪裁两块长度不等的缎带，分别对折缝合。

2 将缝好的缎带摞在一起，两缝合处居中相对，再缝合。

3 用细缎带或针线固定蝴蝶结。

4 用花边装饰蝴蝶结。

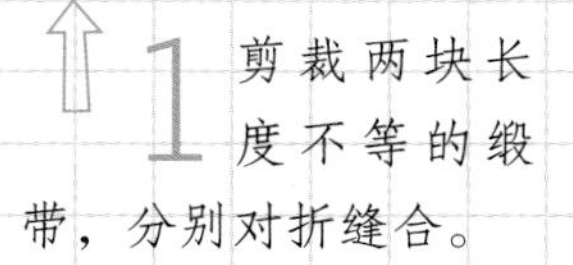

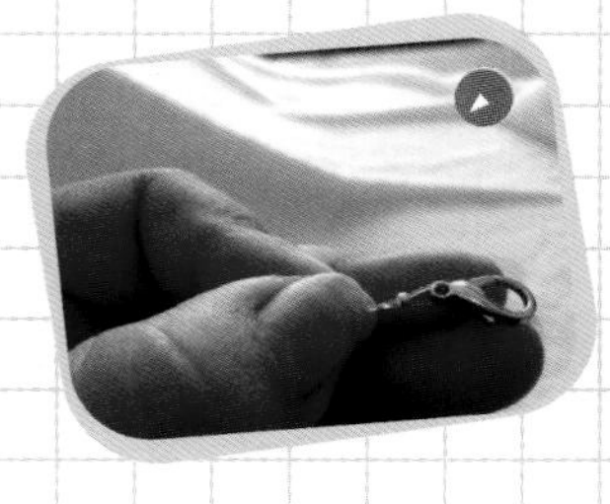

5 将水晶鱼线穿过龙虾扣，用定位珠固定。

6 先排列好珠子与底座。

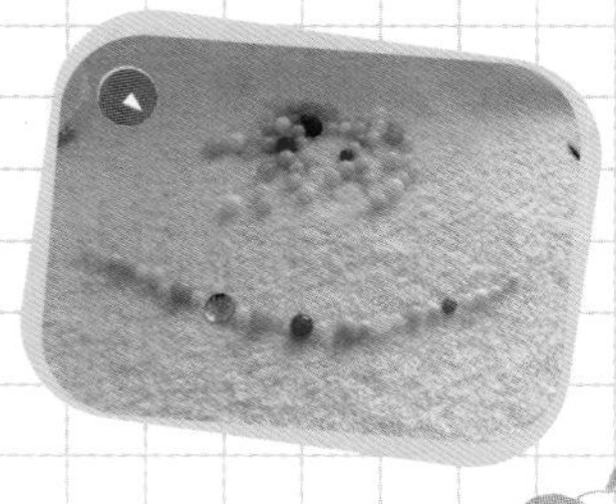

7 依照排列好的顺序串珠子与底座。

9 用水钻贴片装饰好蝴蝶结，再用手针或胶枪固定在底座上。

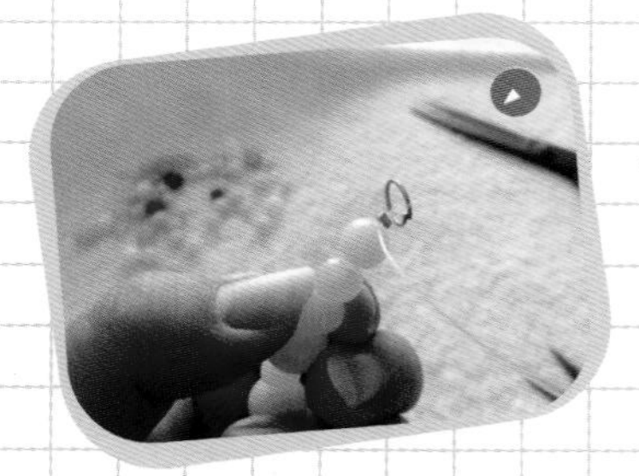

8 将水晶鱼线穿过单环，固定定位珠，剪去多余的线，线头穿入珠子尾端。

10 华丽丽的项链这么快就完工啦，美到连主人都想戴哦！

温馨小叮咛

色彩鲜艳的各色珠子排列成行，中间再以蝴蝶结做点睛之笔，让原本平淡无奇的串珠立刻显得华丽起来了。蝴蝶结和串珠的巧妙搭配更是衬托得狗狗娇俏可人。

小小头花，萦绕娇媚小美人气息

现在，给宠物扮靓的服饰、鞋帽真是五花八门、数不胜数，但是这些对于爱美的小狗来说还远远不够哦，就像人类的小姑娘爱戴各式各样的发卡一样，头饰对于小狗来说也是不可或缺的扮靓装备哦！一个简单的小玩意儿戴在狗狗头上，顿时就多出了一些美人韵味。

适合宠类

这类头饰适合头部毛发较多的狗狗佩戴，因为毛发较多才能戴得比较牢，不易掉落，并且毛发较长会更有小美人的味道。

靓饰材料包

材料：不同色雪纱带、罗纹带、鸭嘴夹、针线胶枪

靓饰DIY

1 将纱带拿在左手，如图折起一角。

2 从折起的一角向右卷形成花心。

3 纱带反折，做花瓣。

4 纱带多次反折，并用针线固定。

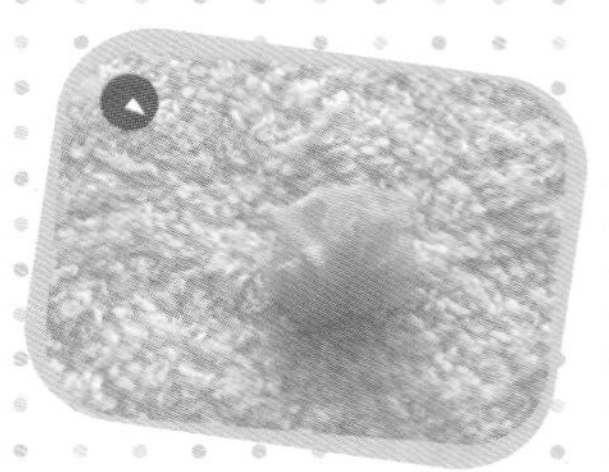

5 一朵漂亮的玫瑰花就做好了。

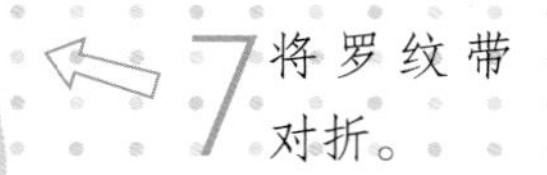

7 将罗纹带对折。

8 将罗纹带与玫瑰花一起粘在夹子上。看，这小巧玲珑的小头花是不是和狗狗特别搭呢？

6 用同样方法做其他颜色的花朵。

温暖小叮咛

谁说头上戴花的都是村姑？色彩鲜艳的小花加上狗狗忽闪忽闪的大眼睛，绝对能萌倒一群人！

铃儿响叮当，童趣+漂亮一个不能少

狗狗都喜欢叮叮作响的小玩意，尤其是小铃铛，逮住一个就玩得不亦乐乎。既然如此，主人大可以把铃铛制作成饰品挂在狗狗身上，这样一来既可以随时随地都听到铃铛声响，而且还能当饰品来扮靓狗狗，真是一物多用啊！

适合宠类

适合所有活泼可爱且热爱铃铛的狗狗。当狗狗跑来跑去的时候，铃铛也随着节奏一响一响，有了“伴奏”狗狗肯定更加兴奋呢！

叮叮叮，小铃铛扮靓时间到啦！

靓饰材料包

材料：无纺EVA布、缎带、铃铛、针线

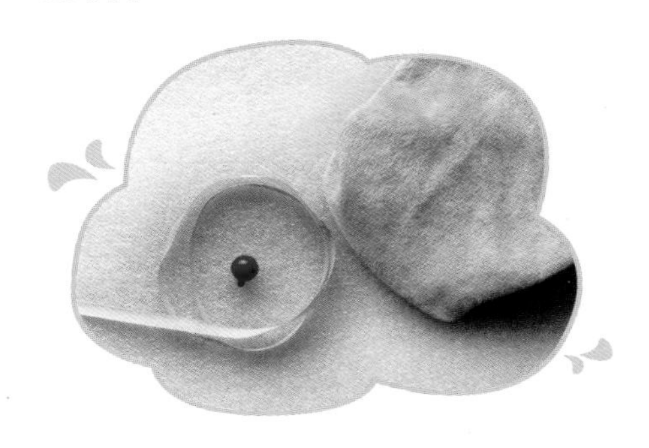

靓饰DIY

1 用EVA无纺布剪出一个爱心待用。

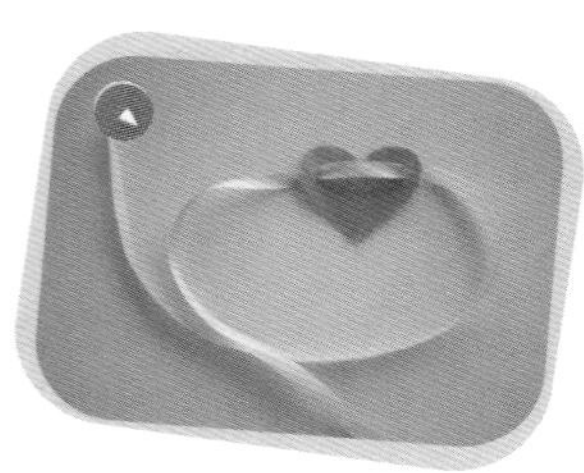

2 如图，在爱心上剪出两个小圆洞，把0.6厘米的缎带穿过小孔。

3 取1厘米缎带打成蝴蝶结，如图，把铃铛固定在蝴蝶结上。

4 最后把蝴蝶结固定在爱心上，如图所示。

温馨小叮咛

这款铃铛饰品彻底摆脱了以前只用一根绳子系一个铃铛的单调乏味，让饰品和童趣巧妙结合，也让狗狗开心不已。

狗狗夫妻档，情侣蝴蝶结见证纯纯的爱

超简单的蝴蝶结，一狗一个哦！

情侣总是喜欢秀恩爱，情侣衫、情侣鞋……秀得不亦乐乎。其实，动物间也有纯纯的爱。家里如果有两只夫妻档的小宝贝，就为它们做一对情侣蝴蝶结吧！“你一个，我一个，你是我的另一半”，走在街上回头率也一定是百分之百哦！

适合宠类

这款饰品主要针对的是情侣狗狗，其实只要家里有一公一母两只狗狗，都可以尝试做一下，让宝贝也因为情侣元素而拉风一把。

靓饰材料包

材料：无纺EVA布、蕾丝、双角钉、针线

靓饰DIY

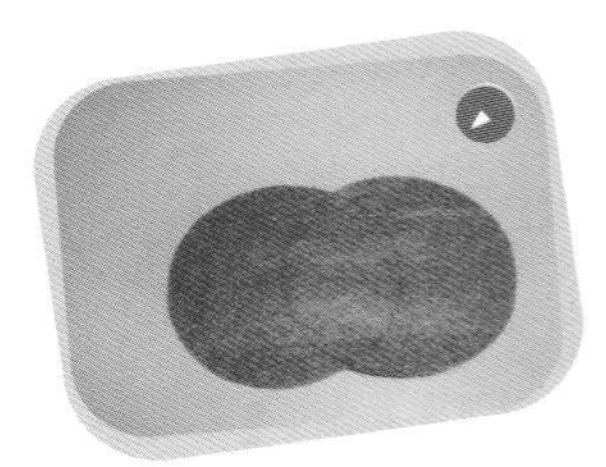

1 用圆规在EVA无纺布画出两个直径为2.5厘米的交叠圆。

2 把无纺布以折扇子的方式折好，中间用线固定

3 取一段蕾丝，用针线固定在中间，取双角钉固定在正面的蕾丝上，如图。

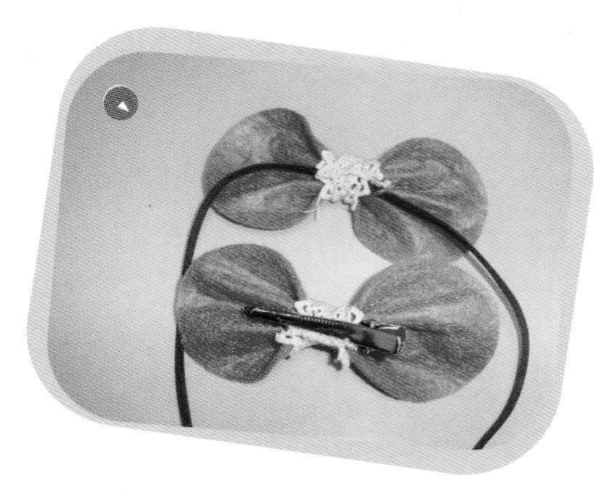

4 最后把夹子和绳索穿过背后固定。

温馨小叮咛

一样的颜色、一样的款式戴在两只不一样的狗狗身上，让人一眼就认定两个漂亮小家伙之间“爱”的关系。偷偷告诉你哦，其实狗狗姐妹淘也可以这样打扮呢！

LESSON SEVEN

第七章 宠物养护美容，常见问题问与答

问：有什么方法可以确定狗狗身上有没有虱子？

答：一般来说，判断狗狗身上是否有虱子的方法有四种：其一就是注意观察狗狗挠痒的频率；其二就是观察耳、口、鼻以及肛门和脚掌缝这些隐蔽部位，看能不能发现虱子的踪迹；其三就是通过梳理毛发来进行检查；最后就是留心自己和家人最近有没有身体发痒的感觉，如果确定家中没有蚊子，那就是跳蚤无疑了。当然了，狗狗给自己挠痒是很常见的事，确定狗狗没有耳螨，也没有其他寄生虫症状时大可不用担心，只要在外出散步回家后稍作清洁即可。

问：给狗狗清理耳朵应该使用什么工具才安全？

答：狗狗的耳朵经常被覆盖着，很容易堆积灰尘和污垢，所以需要定期清理。在清理时一般只需要准备棉花球、清耳液和止血钳。先用止血钳夹紧一块棉花球，蘸上清耳液后放入狗狗耳道中擦拭。尽量不要使用棉签，因为一旦没握紧而掉到狗狗耳道里就会很难取出，时间长了还会引起耳道病变。

问：哪些情况下不能给狗狗洗澡？

答：家里养了宠物的主人，为了狗狗和自己的健康都应该常给狗狗洗澡，频率为7～15天一次为最佳。但是如果碰到以下这些情况就要改变洗澡频率或者不洗澡了：如果狗狗因为疾病而在接受治疗，就尽量不要给它洗澡，如果非洗不可也要按照以上的叮嘱进行；如果是刚抱回家的小狗，就不要急着一进门就给它洗澡。它们都需要一段时间去适应新环境，主人也要趁这段时间观察狗狗是否有潜在疾病；如果狗狗刚打了疫苗也不能马上就洗澡，这时候如果因洗澡导致了感冒，其后果可能会危及生命。

问：狗狗到了换毛期，主人应该怎么进行护理？

答：狗狗每年都有一个特定的时期换毛，这也是让原来的毛发变得更健康的一个重要机会。首先从营养上对狗狗进行补充就是个不错的办法。主人可以多买些钙镁粉、乳酸菌、营养液和维生素添加到狗粮里喂食，也可以每天在狗粮中添加少量的食用橄榄油，橄榄油富含脂肪酸和维生素E，对促进狗狗皮肤滋润和毛发光亮有着很好的作用。然后就是每天帮狗狗梳理毛发，定期检查狗狗的皮肤状况，及时去除落毛和结块，帮助加快血液循环和毛发增长的速度。

问：哪些狗狗不适合穿衣服？

答：虽然狗狗穿了衣服会显得更为可爱，但是也不是所有的狗狗都适合穿衣服。比如：1.脾气暴躁的狗狗，穿了衣服就会情绪更加激动，拼命撕咬想把衣服脱下来。2.有的狗狗一穿上衣服就不会动了，跟施了定身术一样，这是因为极度不适应和不舒适造成的。3.皮肤容易瘙痒和经常爱抓痒的狗狗在穿了衣服后更喜欢抓挠自己了，好像全身都在痒痒一样。除了以上这三类狗狗不适合穿衣服外，在给那些能适应衣服的狗狗穿衣服时也有注意事项，比如：1.给狗狗穿衣服的时间不要太长，回家后要及时把衣服脱下来，减少束缚。2.在选购时要注意尽量选择纯棉、纯毛的面料，可以减少狗狗皮肤过敏和瘙痒的情况。3.选购的衣服尺寸一定要适合狗狗，以宽松的款式为最佳。

问：宠物除臭剂应该怎样使用？

答：如果不是经常清洁的话，除臭剂也是帮助消除宠物体味的不错选择。但是不同的除臭剂有不同的使用方法：1.盒装除臭剂：打开包装即可使用，一般都是放在较小和较密闭的空间里，比如厕所、橱柜灯，缺点是需要长期更换。2.除臭喷雾剂：这是市面上最常见的除臭剂，但是使用时不要在狗狗附近直接喷洒。一定要避免狗狗不小心吸入过多除臭剂的情况发生。3.除臭原液：属于高浓度的除臭液，必须稀释以后才能使用，一般是在做家庭清洁的时候一并使用。所需浓度根据说明和自己的需求而定。